世界兽医经典著作译丛

犬皮肤病诊断

——基于临床类型的诊断方法

【西班牙】梅特·维德·阿里巴斯
(Maite Verde Arribas) 编著

杨开红　周庆国　主译

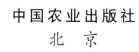

中国农业出版社
北　京

作 者 简 介

梅特·维德·阿里巴斯（Maite Verde Arribas）毕业于萨拉戈萨大学兽医学院兽医学专业，获兽医学博士学位，是一位动物医学和外科学教授。

她曾担任萨拉戈萨大学临床专业副院长、院长（1995—2003年），以及西班牙小动物协会（AVEPA）副主席和主席（2006—2012年），曾是欧洲兽医教育机构协会理事会（EAEVE）成员（2002—2004年）。现为西班牙兽医学院理事会国家兽医专业委员会成员，萨拉戈萨大学兽医院院长。

她也是一位内科和皮肤科教授，在皮肤科和内科领域获AVEPA认证，是欧洲兽医皮肤科学会（ESVD）成员，参与了欧洲兽医皮肤科学会在西班牙举行的三届大会的组织工作。她还曾担任西班牙小动物协会皮肤科专家组的秘书和组长，现任萨拉戈萨大学兽医院皮肤科主任。

她已出版了许多皮肤科和兽医内科学的著作，也在学术界和私营企业的研讨会或大会上做过多次演讲。

译 者 名 单

编　著　梅特·维德·阿里巴斯　西班牙萨拉戈萨大学

主　译　杨开红　河南农业职业学院　瑞派郑州昱奕动物医院

　　　　周庆国　佛山科学技术学院　瑞派佛山先诺宠物医院

参译人员（按姓氏笔画排序）

邓晓珠　瑞派佛山先诺宠物医院

李馨雨　瑞派杭州虹泰宠物医院

张元莘　瑞派深圳福华宠物医院

林　辉　瑞派东莞宠友宠物医院

倪　翔　瑞派郑州昱奕动物医院

徐虹倩　瑞派海口诺康宠物医院

蒋瑞东　瑞派天津长江动物医院

詹世钰　瑞派杭州虹泰宠物医院

致　谢

　　编写本书是因为有大量病犬在萨拉戈萨大学兽医院接受了皮肤病诊疗，我非常感谢所有的宠物主人，他们允许我拍摄他们宠物的皮肤病变。

　　我还要感谢所有慷慨与我分享他们工作和图片的兽医：Amparo Ortúñez (Mallorca)，Anabel Dalmau (Reus, Tarragona)，Carlota Sancho (Arrabal, Zaragoza)，Dolors Fondevila (UAB, Barcelona)，Eva Varela (Casetas, Zaragoza)，Laura Navarro (UZ, Zaragoza)，Laura Ordeix (UAB, Barcelona)，Mariví Falceto (UZ, Zaragoza)，Pedro Ginel (UCO, Cordoba)，Rosana Saiz (Miralbueno, Zaragoza)，Sara Peña (Fuerteventura) 和 Sergio Villanueva (UZ, Zaragoza)。

　　本书的最终出版是Grupo Asis整个编辑团队共同努力的结果，我很满意他们对我所提供的材料的表现方式。我要特别感谢Rut Varea，她组织协调了这个项目，Gema Yague编辑了文本，Jacob Gragera绘制了插图。唯有像他们这样的兽医，才能以这样的素质和专业精神应对技术挑战。

本书献给我的父母——费利克斯（Félix）和阿努西亚（Anuncia），在我会写作之前，他们教导我努力的重要性，教给我人生观、价值观。

献给我的丈夫、孩子们和帕布洛（Pablo）。在我投身于兽医事业的时间里，他们给予我无私的爱和永恒的谅解。

献给所有正从事兽医皮肤病工作的学生们，他们的努力激发了我致力于学习和教学的热情。

献给西班牙小动物协会全体成员，他们推动了30多年来宠物皮肤病学领域的进步。

序 言

　　皮肤疾病的管理可能令人沮丧。对一个特殊的皮肤病症，要记住所有的鉴别诊断可能是一个挑战，但也是制订诊断计划的重要的技能。理解导致皮肤功能异常、发展过程和表现类型的病理，有助于临床医师完善诊断和治疗建议。在这本书中，Maite Verde Arribas博士巧妙地阐明了一种有逻辑性的、基于问题的方法，这种方法对于诊断具有各种不同皮肤病症的犬是必要的。她临床知识面广，教学经验丰富，为每一种常见的皮肤病建立了易于遵循的逻辑性诊断方法，主要包括脱毛、皮脂溢、瘙痒，等等。

　　第1章介绍了基于皮肤病临床类型诊断的概论，将其融入到鉴别诊断和潜在诊断的检测列表中。第2章特别定义了各种皮肤病类型，并将其与病理过程和临床症状进行了深入的关联，当读者阅读这一章时，可以期待多个"让我明白了"的时刻。

　　本书中许多高质量的图表进一步强化了上述信息，以一种全新的方式，引导读者对皮肤病症状进行有效的检查，并最终确诊。

Dunbar Gram, DVM, DACVD

临床副教授兼皮肤科主任

佛罗里达大学兽医学院

前　言

　　宠物临床的大多数兽医是全科医生，每天可能处理涉及任何器官的各种病例。皮肤异常极为普遍，在日常咨询病例中占15%～25%。

　　因此，皮肤科工作的全科医生从接诊病例那一刻开始，就需要能帮助他们直接进行检查并指导诊断过程的工具。在设计本书的结构时，我们选择了一种便于使读者应用本书所诠释的原理和规则来了解皮肤病的版式。

　　我们相信，接诊一个皮肤科病例的最简单、最合乎逻辑的方法是观察病犬的外观、主要病变及其分布，并将此信息与临床类型关联起来。通过创建基于临床问题的可能原因列表，我们可以根据病犬的临床病史信息，确定最可能的病因。如果我们也确定了合适的诊断性检测方法以及检测顺序，那么对并未深入掌握皮肤病学知识的兽医，也有很大可能对大多数皮肤异常做出明确的诊断。

　　前两章是对基于临床类型诊断的一般介绍，并描述了皮肤对一般侵害的通常反应特征、对造成病损的侵害的反应以及由此产生的临床类型特征。

　　接下来的五个章节专门介绍最常见的皮肤病类型：多发性脱毛、全身性脱毛、脱屑/结痂和皮脂溢、糜烂和溃疡、丘疹样脓疱和水疱。最后一章专门讨论瘙痒症的诊断。

　　本书是一本含有300多幅图片的小型的犬皮肤病学图谱，其内容旨在让读者遵循系统性方法解决犬的皮肤病问题。

　　我希望，本书能为兽医专业学生和兽医们提供详细的皮肤病学知识。

Maite Verde Arribas

目　录

1

PART 1

第1章

基于临床类型诊断的概论

简　介

临床类型分析是最简单的皮肤病诊断方法，因为这种方法基于对病患皮肤发生变化的自然观察（图1-1至图1-3）。根据皮肤病类型进行诊断时，不一定要熟悉所有的皮肤病，因为皮肤病的种类很多，只要能描述病患所表现出的病变类型（图1-4），然后遵循诊断步骤就足够了。随着对犬皮肤病病因和相应表现的进一步理解，使得建立这样的皮肤病诊断程序变成可能。20世纪70年代初，当兽医皮肤病领域还处于起步阶段时，可获得的信息很少，或者未经证实。从那时起，这一领域的进展使人们有可能在已验证的科学知识的基础上建立更简单的诊断程序。犬皮肤病学经过40年的发展，现在学习皮肤病学最实用的方法是建立基于临床类型的诊断，并将其传授给兽医专业的学生和临床医师。基于临床类型的诊断不需要皮肤病学的专门知识。显然，对于经验丰富的兽医来说，这个过程会更容易，因为他们对这些临床类型更加熟悉，并将比过去更频繁地使用这一系统方法。然而，每个兽医都可以使用这种诊断方法，并使其用于自己遇到的状况。

> 使用这一系统方法的关键是知道从哪里观察，从而养成习惯能正确识别皮肤病变及其分布。

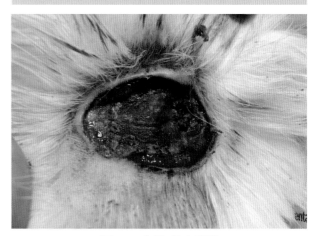

图1-3　糜烂-溃疡类型

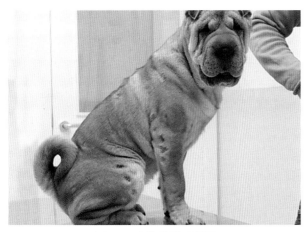

图1-1　多灶性脱毛类型

图1-2　丘疹脓疱性和泛发性脱毛类型

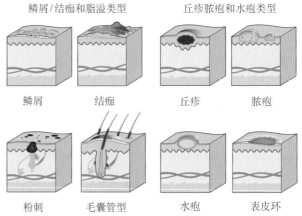

鳞屑/结痂和脂溢类型　　　　丘疹脓疱和水疱类型

鳞屑　　　结痂　　　　丘疹　　　脓疱

粉刺　　　毛囊管型　　　水疱　　　表皮环

糜烂-溃疡类型　　　　　　　结节类型

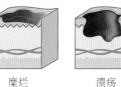

糜烂　　　　溃疡　　　　　　结节

图1-4　主要皮肤病变及相应的皮肤病类型

如何识别病史中的关键信息是非常有必要的，以便创建一个鉴别诊断列表，并对有问题的临床表现进行适当的诊断检测。要建立基于临床类型的诊断，必须知道如何识别主要的皮肤病变并将其与主要的形态类型联系起来。关键在于：如果我们不能正确识别形态类型，就会基于一个错误的前提，这样正确的诊断就变得更加困难。

以下是基于临床类型诊断的核心支柱：

•在进行皮肤病学检查和观察病变后，识别和定义皮肤病类型。

•根据病史和一般检查及皮肤病学检查，收集病患的基础信息（框 1-1 和框 1-2）。

•建立观察到的皮肤病类型的可能病因列表。

•按照逻辑顺序列出必要的检测，以确定临床表现的潜在原因。

识别和定义皮肤病类型

在大多数情况下，我们很容易辨别犬身上出现的主要皮肤损害类型，并描绘出皮肤病的类型。然而，在某些情况下，我们很难确定一个主要的类型，因为所观察到的病变可能对应几种不同的类型。在这种情况下，我们必须确定主要类型。例如，如果全身有大量的脱毛区域或病灶，仅有 3 个或 4 个丘疹脓疱样病变（图 1-5），那么主要类型应该是多灶性脱毛，而丘疹结节性病变应该被认为是继发性的。相反，如果患犬身体区域有 3 个或 4 个结节性脱毛病灶（图 1-6），这种

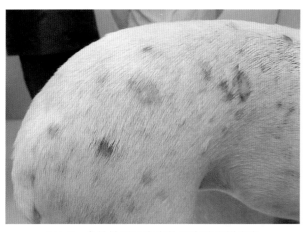

图 1-5　多灶性脱毛症中的丘疹脓疱样病变

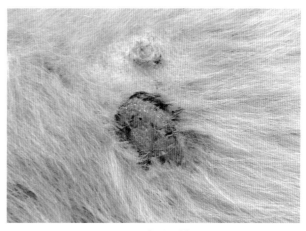

图 1-6　丘疹结节性脱毛

类型被认为是结节性的，而结节区域的脱毛被认为是继发性的。

为了确定主要的临床类型，还必须观察病变的类型及其位置。

注意以下各方面并阐明在体表检查中收集到的信息，对每个病例的诊断都有帮助（图 1-7）。

•分布是对称的还是不对称的。

•发病部位或区域：头部、颈部（背侧和腹侧）、躯干（背侧和腹侧）、四肢和尾部。

•受压力、摩擦或摩擦力影响的区域。

•发病黏膜皮肤部位（嘴唇、鼻孔、眼睑、包皮和外阴）和口鼻、耳郭或足垫部位。

•发病黏膜：口腔、结膜、肛门和生殖器。

•病变类型：颜色变化、丘疹、脓疱、水疱、鳞屑、结痂、毛囊管型、表皮环、脱毛、结节、糜烂和溃疡。

•病变的形态特征：形状、规则/不规则、色素沉着。

图 1-8a 显示一例左前肢多灶性脱毛的患犬，图 1-8b 显示体表上标记的相应病变。

根据获得的信息，我们可以建立皮肤病类型：

•易脱毛或无毛：

①局灶性/多灶性脱毛型：分布于病灶中心或圆形斑块中。

②对称性全身性脱毛型：分布均匀，影响面积大。

•皮肤表面鳞屑/结痂的常见度：鳞屑/结痂和脂溢性或剥脱性皮肤病型-多灶性、区域性或泛发性分布。

• 上皮缺乏连续性或完整性，以糜烂或溃疡病变为主：糜烂-溃疡型。

• 相对于皮肤表面隆起的病变：

①丘疹样脓疱和水疱型：以丘疹、脓疱、水疱或大疱性病变为主，含液量多。

②结节型：以硬性隆起的病变为主，主要由结节、斑块或疣组成。

• 皮肤或毛发的颜色变化而没有其他病变：色素改变型。

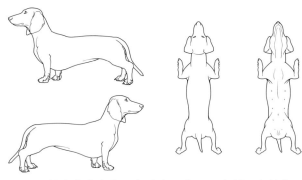

图1-7 体表的病变位置和分布示意，用左侧，右侧背视和腹视四个面反映

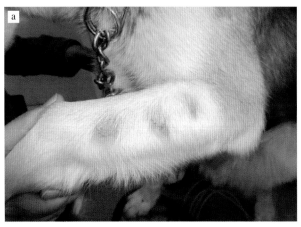

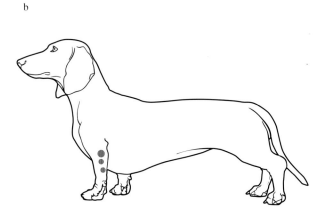

图1-8 a.犬小孢子菌引起的前肢局灶性红斑性脱毛
b.反映图1-8a中的病犬体表相应的病变

收集基础信息

有关犬的年龄、品种和性别的资料，与从病史（框1-1）中获得的和在一般检查及皮肤病学检查中获得的信息（框1-2），均有助于作出诊断。详细的临床病史是建立皮肤病学诊断所必需的最简单、最重要的因素。皮肤问题的持续时间、发病年龄、疾病的演变、病情的季节性、同窝或其他兄弟姐妹的信息、临床类型的性质和分布以及犬对治疗的反应都应该与主人讨论。同样重要的是要考虑其他宠物的存在、患犬的饮食、患犬住在室内或室外、笼垫类别、驱虫和免疫计划，以及之前的任何治疗及其效果。主人提及的任何信息或问题也应按时间顺序记录。

建立皮肤病类型可能的病因列表

无论临床医师能否确定某个特定类型的病因，本书提供了有关皮肤病理学不同病因的相关信息，并列出了与每个临床类型相关的病因。

按逻辑顺序进行检测

一旦拟定了鉴别诊断列表，就必须考虑所需的检测，以确认或排除可能的病因。为此，我们首先根据从病史和检查中获得的信息，确定病因的优先顺序。本书每一章都描述了为每种皮肤病类型推荐的诊断程序，以及为达到最终诊断而进行检测的顺序。

框 1-1　皮肤病的临床病史

宠物名字：

年龄：　性别：　品种：

犬有这种皮肤病多久了？

这段时间里是否有病变强度或瘙痒的减轻？ 　　□ 是（详细说明）： 　　□ 否

如何开始的？哪些部位被感染？ 开始于： 第一个被感染的部位：

病变有蔓延吗？ □ 是（尤其是哪些部位）： □ 否

标记有抓挠、舔舐、吮吸或摩擦的身体部位： □ 口鼻　　　□ 耳朵　　　□ 眼睛　　　□ 胸部　　　□ 腋下　　　□ 背部 □ 腹股沟　　□ 腹部　　　□ 颈部　　　□ 尾部　　　□ 后肢　　　□ 后爪 □ 前肢　　　□ 前爪

有同时在一起生活的其他动物吗？请注明数量： □ 犬　　　　□ 猫　　　　□ 鸟　　　　□ 兔子 □ 啮齿类　　□ 农场动物

这些动物有皮肤问题吗？ □ 是的　　　　□ 没有

和动物一起生活的人有皮肤问题吗？ □ 有（注明皮肤病类型）： □ 没有

犬室内生活的时间（＿＿%）和室外生活的时间（＿＿%）

这些临床表现在室内严重还是室外严重？ □ 室内严重　　　□ 室外严重　　　□ 都一样

这些临床表现有季节性吗？ □ 有（尤其哪个季节）： □ 无

这只犬的亲属有皮肤问题吗？ □ 有　　　　□ 无　　　　□ 不知道

你的犬最近几个月里是否待在家里，或者去了收容所、美容院、集市，或者去了朋友或别人的家？ □ 待在家里　　　□ 去了其他地方

所有用过的治疗皮肤问题的药物以及治疗效果：			
药物	用量	使用时间	效果

犬有以下症状吗？ □ 咳嗽　　　□ 呕吐　　　□ 多饮　　　□ 多尿 □ 打喷嚏　　□ 腹泻　　　□ 泪溢　　　□ 萎靡不振

犬有耳部感染吗？ □ 有　　　　□ 无

犬食欲正常吗？ □ 是　　　　□ 否

犬的性格有变化吗？ □ 有　　　　□ 无

补充说明

框1-2　全身检查和皮肤病学检查

患犬的全身情况（水合状态、温度、活动、警觉、疼痛）				
各系统 • 消化（食欲、饮水、便秘、呕吐、粪便）： • 呼吸： • 生殖： • 泌尿： • 运动系统： • 循环系统： **其他** • 淋巴结： • 黏膜（肛门、生殖器、口腔）： • 肛门腺： • 耳郭（左、右）： • 脚垫： • 指甲： • 耳足反射： • 其他观察：				
毛发 ☐ 干燥　　☐ 多毛　　☐ 脱毛　　☐ 原发性脱毛　　☐ 继发性脱毛 ☐ 双重原因脱毛　☐ 毛发焦枯　☐ 毛囊管型　☐ 色素相关的脱毛　☐ 油性毛发				
皮肤 ☐ 正常　　☐ 增厚　　☐ 变薄　　☐ 脆性 ☐ 弹性下降　☐ 松弛　　☐ 紧绷				
病变 ☐ 斑疹　　☐ 紫癜　　☐ 丘疹　　☐ 脓疱 ☐ 脓肿　　☐ 斑块　　☐ 结节　　☐ 水疱 ☐ 大疱　　☐ 风疹　　☐ 肿瘤　　☐ 囊肿 ☐ 鳞屑　　☐ 结痂　　☐ 脱毛　　☐ 红斑 ☐ 表皮脱落　☐ 糜烂　　☐ 溃疡　　☐ 龟裂 ☐ 焦痂　　☐ 表皮环　☐ 色素沉着　☐ 胖胝 ☐ 过度角化　☐ 苔藓化　☐ 瘘管　　☐ 多汗				
病变分布 全身　　☐ 对称性　　☐ 非对称性 四肢　　☐ 左前肢　　☐ 右前肢 　　　　☐ 左后肢　　☐ 右后肢				
其他 ☐ 头　　　☐ 躯干背侧 ☐ 颈背侧　☐ 躯干腹侧 ☐ 颈腹侧　☐ 尾部				

PART 2

第2章

定义皮肤病类型

简 介

皮肤以改变其生理机制的方式，对自身面对的许多侵袭做出反应（图2-1），从而导致其微观上的改变，以及可观察到的临床症状（皮肤损伤）。

皮肤组织以有限的方式对侵袭做出反应，结合在受影响区域聚集的不同类型的炎性细胞分布，形成多种临床和组织学类型。由此我们可以：

▶ 提出有关病变的可能原因。

▶ 对有相似病变和共同致病机制的疾病进行分类。

这样，就有可能定义临床反应和组织病理学类型，从而有助于皮肤病的鉴别诊断。

皮肤应对各种刺激所发生的病理生理学改变可能影响表皮的分化和生长、真皮和表皮的液体平衡，以及角质细胞的黏附、色素沉着机制、毛发和腺体的形成、毛发的生长周期、皮肤血管丛和淋巴丛的内皮结构，以及其中的受体和神经末梢。根据受影响的结构不一，表现出不同的病变和临床症状。

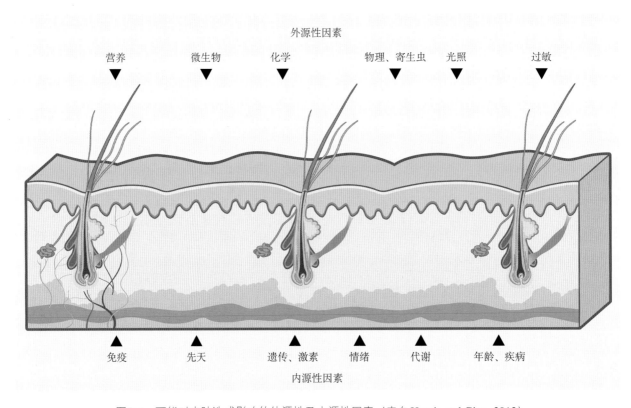

图2-1　可能对皮肤造成影响的外源性及内源性因素（来自Hargis and Ginn，2012）

表皮对抗外来侵袭的病理生理反应

表皮发生的病理生理学变化表现为表皮分化和生长、表皮体液平衡、细胞黏附和色素沉着的改变。

对正常表皮来说（图2-2a），基底层或基底层细胞（生发细胞）的增殖速度与高分化的表皮细胞（鳞状上皮细胞）的丢失速度之间存在动态平衡。表皮细胞角化（增殖、分化和角质化）受多种细胞因子（包括表皮生长因子、白细胞介素和肿瘤坏死因子）的调节，与此同时还与激素（如皮质醇）和营养因子（如蛋白质、锌、铜、脂肪酸、维生素A、B族维生素及维生素D）相关。

调节角质细胞生长和分化的细胞因子由不同类型的皮肤细胞产生，包括内皮细胞、粒细胞、成纤维细胞和角质细胞。因此，角质细胞对其自身的生长和分化进行自分泌控制，而炎性细胞也能影响角质细胞的生长和分化。

过度角化：角化过程中的变化

角化过程的改变导致角质层（表皮角质层）的形成发生变化，可能有原发性因素如见于原发性（遗传因素介导）的皮脂溢，或继发于其他各种各样的病理性进程，如炎症、创伤，代谢性紊乱或营养紊乱。

> 角化和角质化是经常交替使用的术语，但描述不同的过程。角化障碍涉及角质、脂质和角质层其他成分的异常产生，而角质化障碍主要指构成角质的蛋白质的异常产生。

角化的改变又被称为过度角化（图 2-2b 和图 2-2c），在性质上可以是正角化性过度角化或角化不全性过度角化。这个过程的两种形式都涉及大量鳞屑的脱落（临床上可观察到）。

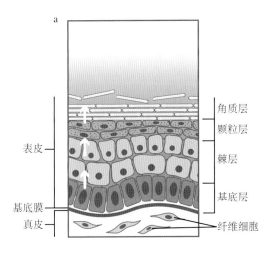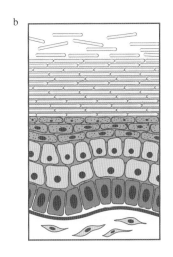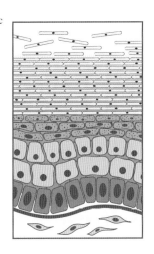

图 2-2　显示表皮层和相应的显微病理生理变化

a. 生理情况（箭头表示细胞向脱落点的运动方向）　b. 正角化性过度角化时，无核角质层厚度明显增加
c. 角化不全性过度角化时，有核角质层厚度明显增加

以正角化性过度角化形式脱落的上皮细胞都是无核的，而以角化不全性过度角化形式脱落的上皮细胞都是有核。这两种角化过度都被认为是皮肤对慢性刺激的非特异性反应，如浅表性疾病、炎症或阳光照射，或对原发性遗传病的特殊反应。

皮肤活检的组织学分析可以证实诊断结果。正角化性过度角化伴随着颗粒层厚度的增加（颗粒层增厚），而角化不全性过度角化通常伴随着颗粒层厚度的减少（颗粒层变薄）。

由于未知的原因，正角化性过度角化是可卡犬原发性皮脂溢表皮脱落过程的主要反应，鱼鳞病和维生素 A 缺乏引起的皮肤病也会出现类似反应。然而，对缺锌和肝皮综合征的反应是角化不全性过度角化。

框 2-1 详细列出了这两种类型过度角化的特点。

棘皮增厚：表皮增生

表皮增生（棘皮增厚）是一种表皮生长和分化的改变，其特征是这一层细胞数量的增加，主要是在棘皮层或棘层水平上的变化。

表皮增生是一种继发性疾病，常伴有慢性炎症和浅表创伤，如舔舐性皮炎和慢性过敏性皮炎，其变化可见于持续性溃疡的边缘。

棘皮增厚是对多种刺激的常见反应，有几种不同的组织学形式：规则的、不规则的、乳头状的（在乳头状瘤和胼胝组织中）、假癌样增生（慢性侵袭性肉芽肿性炎症和顽固性溃疡而不能愈合的病例）、银屑病（西班牙斯普林格犬的银屑病样苔藓样皮炎）。

框2-1　过度角化的类型

异同点	正角化性过度角化	角化不全性过度角化
角质层特征	无核	有核
颗粒层特征	厚度增加（颗粒层增厚）	厚度减少（颗粒层变薄）
共同病因	▶ 遗传性问题（原发因素） ▶ 皮肤对慢性刺激的反应（继发因素） 　▶ 浅表创伤 　▶ 皮肤炎症 　▶ 日晒	
每种类型的特殊病因	▶ 皮脂腺炎 ▶ 皮角 ▶ 维生素A反应性皮炎 ▶ 家族性指端过度角化 ▶ 表皮松解性过度角化 ▶ 犬瘟热导致的鼻端过度角化 ▶ 特发性鼻指角化过度症 ▶ 鱼鳞病 ▶ 炎症 ▶ 光化性角化症 ▶ 耳缘皮脂溢 ▶ 原发性特发性皮脂溢	▶ 牛头㹴肢端皮炎 ▶ 浅表性坏死性皮炎或肝皮综合征 ▶ 雪纳瑞犬浅表化脓性坏死性皮炎 ▶ 锌反应性皮炎 ▶ 拉布拉多犬遗传性角化不全

细胞凋亡

表皮细胞凋亡是指角质细胞的程序性死亡，其特征是细胞质嗜酸性变化和细胞质结构与细胞核的凝聚（图2-3）。凋亡的角化细胞会出现角化障碍，并被邻近的角质细胞吞噬。吞噬作用在细胞被破坏和细胞成分释放到间质前发生，从而防止急性炎症反应的发生。由此可见细胞凋亡的过程与坏死有很大的不同，后者包括细胞裂解、细胞内容物向细胞外空间释放以及随之产生的炎症反应。细胞凋亡是多形红斑和红斑狼疮等过程反应机制的一部分。

与细胞凋亡相关的病变类型为糜烂或溃疡，其严重程度取决于表皮层中凋亡细胞的发生率和位置。当细胞凋亡影响到深层角质细胞时，由于炎症介质释放而导致溃疡和溃疡继发的结痂形成，进而导致细胞液和渗出物积聚，后者覆盖溃疡表面并使其干燥。

在下列过程中可观察到角质细胞的凋亡：

▶ 鳞状细胞癌
▶ 疫苗诱导的缺血性皮肤病
▶ 皮肌炎
▶ 多形红斑
▶ 慢性皮肤型红斑狼疮
▶ 盘状红斑狼疮
▶ 系统性红斑狼疮
▶ 水疱型红斑狼疮
▶ 毛囊周期变化过程中的毛囊退化
▶ 光灼伤
▶ 药物副反应
▶ 血管炎

坏死

坏死指突然发生的细胞死亡，其特点包括核固缩（细胞核萎缩及聚集）、核碎裂（核膜破裂及内容物释放）、核溶解（伴随染色质丢失的细胞核完全溶解），以及细胞质结构肿胀、细胞膜破裂、胞质成分释放到细胞外空间，并伴随明显的急性炎症反应（图2-4）。

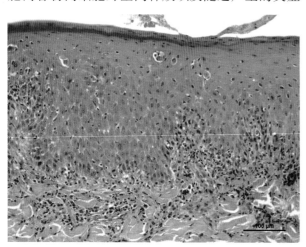

图2-3　所有表皮层的角质细胞凋亡（图片由Dolors Fondevila提供）

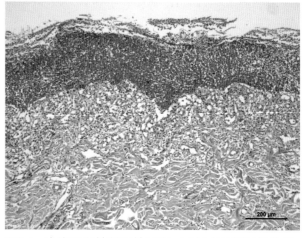

图2-4　表皮弥漫性凝固性坏死，可见多量嗜酸性物质，细胞渗出明显（图片由Dolors Fondevila提供）

表皮坏死可引起表皮浅表部的糜烂，也可引起溃疡，导致表皮和部分真皮的完全丧失。

表皮坏死可由以下原因引起：

▶ 由撕裂、热灼伤、化学烧伤或冻伤引起的身体伤害。

▶ 由缺血或梗死引起的病变，如血管炎、低温白蛋白紊乱引起的血栓形成、耳郭增生性血栓性血管坏死，因感染性或无菌性血栓形成引起的梗死。

▶ 毒刺或咬伤（蜘蛛、蛇或其他病原体）。

表皮萎缩

表皮萎缩涉及角化细胞数量减少和体积变小，可发生于激素失衡（肾上腺皮质机能亢进或局部使用皮质类固醇）、局部缺血或严重营养不良，其过程通常伴有真皮萎缩，表现为皮肤变薄、可透视皮下血管结构（图 2-5）。

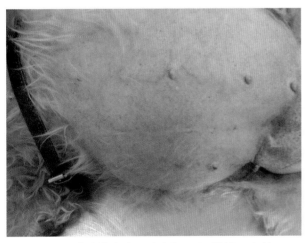

图 2-5　萎缩的皮肤，透过它可以看到皮下血管

表皮体液平衡的变化

细胞间或细胞内的液体聚集可导致表皮体液平衡的改变。

细胞间积液

在细胞之间的空间里积液被称为表皮水肿或海绵状水肿。严重的细胞间水肿，其特征是海绵状小泡的形成，并被角质细胞的细胞间桥（细胞桥粒）分隔或包围。这种组织反应在葡萄球菌和马拉色菌引起的表皮炎中很常见。

细胞内积液

细胞内积液导致角质细胞胞质肿胀。在严重情况下，肿胀的角质细胞可能会崩解，产生微小的囊泡，被碎裂细胞壁所分隔。

细胞内液体在基底层角质细胞中的积累导致囊泡的形成，这一过程称为水样变性或空泡变性，其严重程度通常足以破坏基底角质细胞的稳态。水样变性或空泡变性导致真皮表皮接合性变差，并因炎症介质的释放以及液体和细胞渗出物的释放而导致囊泡、糜烂、溃疡和结痂的形成，这些炎性渗出物在皮肤表面干燥并形成结痂。红斑、色素丢失和糜烂也可被观察到。这种机制诱导的过程实例包括红斑狼疮、皮肌炎和某些药物反应。

细胞内液体在棘层等上层角质细胞中的积聚，导致细胞气球样变。受影响的细胞表现为肿胀的球囊状，失去细胞间的连接，形成充满液体的囊泡。这种反应发生在某些病毒过程中，如痘病毒感染角质细胞，导致细胞质角质溶解，并诱导细胞质内部大量液体形成和积聚。

棘层松解

棘层松解是一种与破坏角质细胞结合桥粒有关的反应（图 2-6），通常是免疫介导攻击的结果（如天疱疮）或中性粒细胞酶破坏（见于葡萄球菌或较少见由毛癣菌引起的浅表脓皮病。）。

根据受影响的角质细胞所在的细胞层，可以观察到以下情况：

▶ 表皮角质层下的棘层松解，形成脓疱和角质层下小囊泡，囊泡内漂浮角质细胞（落叶型天疱疮）。

▶ 基底层上角质细胞的棘层松解，将基底层与上层隔开（常见于寻常型天疱疮），液体积聚在不相连的表皮各层之间，形成大小不一的囊泡或大疱。

外渗作用

外渗作用是指白细胞或红细胞从真皮中渗出和积聚在表皮的现象。

当真皮有炎症病灶时，这些炎性细胞到达表皮。白细胞通过角质细胞，从浅层血管迁移到表皮。

白细胞外渗在炎症过程中很常见。典型的情况是，中性粒细胞在表皮内部或角质层形成脓疱，尽管其中也可以发现其他类型的炎性细胞，主要取决于与皮肤病理发展有关的细胞因子的类型。鉴定白细胞的类型对疾病进程建立诊断有很大帮助，例如，表皮内嗜酸性粒细胞与昆虫叮咬有关，而表皮内的淋巴细胞可在免疫介导过程中观察到，如红斑狼疮和趋上皮性淋巴瘤。

其他可观察到白细胞外渗的过程包括细菌、马拉色菌或皮肤癣菌引起的皮肤感染；超敏反应（特应性皮炎或接触性皮炎）；免疫介导性疾病，如落叶型天疱疮或红斑型天疱疮。

红细胞也可能出现在表皮，通常由创伤或循环障碍引起，一般可见于血管扩张、血管炎或凝血障碍等。

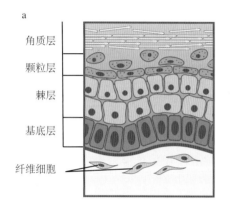
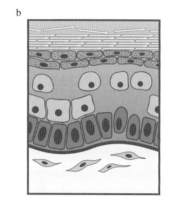
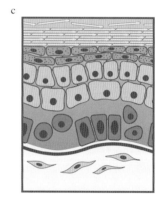

图2-6　表皮不同细胞层松解示意
a.颗粒层　b.棘层　c.基底层

皮肤真皮层的病理生理反应

真皮可以通过各种机制对外界侵袭做出反应：皮肤萎缩、纤维化、胶原改变以及淀粉样物质、黏蛋白或钙质沉积。然而，犬最常见的反应是炎症反应，其性质可能有很大差异。

急性炎症性皮炎开始于充血（小动脉扩张）、水肿（血管通透性增加导致），白细胞从真皮层血管向血管周围转移。在这种反应中，中性粒细胞在前24h占优势，其后被巨噬细胞所取代（24～48h内）。上述变化通常取决于反应的类型，肥大细胞（由IgE介导）、嗜酸性粒细胞、嗜碱性粒细胞和淋巴细胞（图2-7）也可被观察到。

慢性炎症性皮炎通常由刺激剂与皮肤接触数周至数月引起。此过程中主要的炎性细胞是巨噬

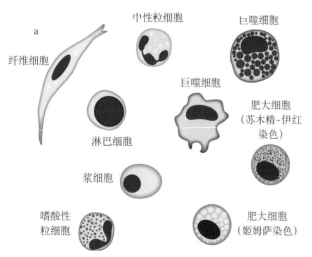
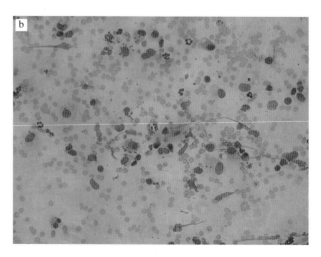

图2-7　a.真皮中的炎性细胞（来自Ackerman，1999）　b.炎性细胞的细胞学抹片

细胞、淋巴细胞和浆细胞。慢性皮炎是持续感染或自身免疫反应的结果。感染常与皮肤的过敏反应或异物引起的肉芽肿有关，而在自身免疫反应中，自体抗原可引起机体某些组织的炎性免疫反应，如红斑狼疮。慢性皮炎中最常见的细胞是巨噬细胞，巨噬细胞除了介导吞噬作用外，还释放大量介质攻击受影响的组织，有助于维持慢性炎症和纤维化状态。当淋巴细胞和浆细胞出现在慢性炎症部位时，一般提示为机体的免疫反应。

皮肤的急性炎症转变为慢性的过程各不相同，因为多种因素影响而使疾病复杂化，包括自我损伤、继发性细菌感染、昆虫叮咬、病患对免疫反应的调节或对治疗的反应。因此，很难根据这些信息进行病理诊断。不过，根据多年来对犬炎症性皮肤病相关炎症反应类型的观察，我们定义了以下组织学类型，并构成有效的诊断支持工具：血管周围皮炎、界面性皮炎、传染性结节性弥漫性皮炎，以及血管炎等（图2-8）。

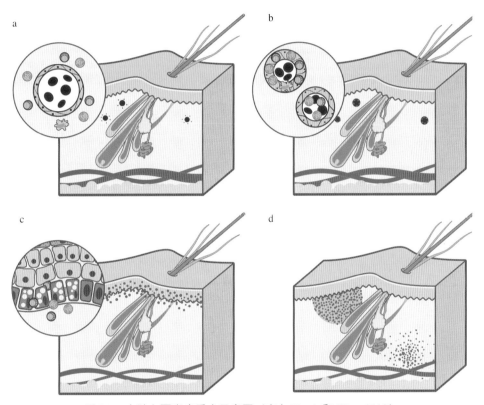

图2-8　皮肤主要炎症反应示意图（来自Hargis和Ginn，2012）

a.浅表性血管周围皮炎，淋巴细胞从血管移行到血管周围真皮　b.白细胞向血管壁移动并诱发坏死、炎症、血栓形成和梗死，即血管炎　c.界面性皮炎，炎性细胞在真皮表皮交界处积聚，可呈现为少细胞性或多细胞性，同时伴有基底层细胞的血管变性和/或凋亡　d.有或无明显微生物的结节性弥漫性皮炎

皮肤附件的病理生理反应

皮肤附件（毛囊和腺体）最重要的病理生理学反应是毛囊炎。根据毛发受影响的解剖区域和所涉及的炎性细胞的类型，可以进行分类（图2-9）。毛囊炎的类型包括毛囊周炎、毛囊壁炎、毛囊腔炎、疖病和毛球炎（毛球发炎）。毛囊的炎症始于毛囊

周围的血管，与皮肤炎症的发展阶段相同。临床上，毛囊炎会导致受累部位的毛发脱落。

毛囊周炎、毛囊腔炎和疖病通常依次发生：影响毛囊的炎症过程使毛囊壁破裂时，引起疖病，并将毛囊内容物释放到真皮中。其次，根据散布于真皮组织的物质（细菌、皮肤真菌、寄生虫、毛发碎片、角质、皮脂等）的成分特征，可发展为化脓性炎症，继而发展为慢性化脓性肉芽肿性炎症，最终形成瘢痕。

皮脂腺炎是一种针对皮脂腺的特异性炎症反应，最初特征是皮脂腺导管周围淋巴细胞的积聚。随后，炎症扩展到所有皮脂腺组织，出现淋巴细胞、中性粒细胞和巨噬细胞的聚集，某些情况下甚至会导致腺组织完全消失。

慢性病变的特点是皮脂腺减少或萎缩，表皮和毛囊过度角化。继发于其他过程如毛囊炎、蠕形螨病、眼葡萄膜皮肤综合征的皮脂腺炎和利什曼病也会有此表现。

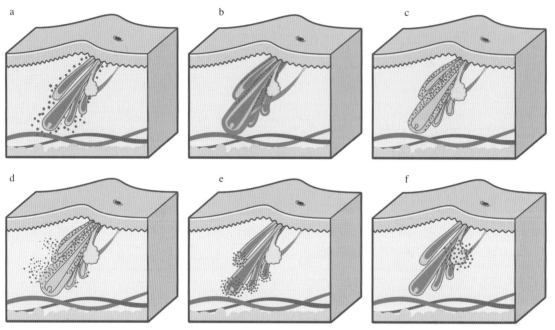

图2-9 皮肤附件炎症的微观模式（来自Hargis和Ginn, 2012）
　a.毛囊周炎，伴有白细胞从毛囊附近的血管向毛囊周围真皮迁移　b.毛囊壁炎，炎症局限于毛囊壁 c.毛囊腔炎，炎性细胞侵入毛囊腔，通常也浸润毛囊壁　d.疖病由毛囊壁破裂而导致，其内容物被释放到周围的真皮中　e.毛球炎，侵袭毛球或毛囊下段的炎症　f.皮脂腺炎，炎性浸润发生在皮脂腺周围

脂肪组织的病理生理反应

脂膜炎是皮下脂肪组织的炎症，可由感染原（细菌和真菌）、免疫介导反应（红斑狼疮）、物理损伤（刺激性的注射、异物等）、胰腺炎和其他不明原因引起（图2-10）。脂膜炎可以是原发性或继发性的（如深部细菌性毛囊炎）。对于患有脂膜炎的犬，触诊可发现结节的存在，通常分布在身体背侧，可能溃烂并释放出油性和浆液性血性渗出物。脂膜炎的分类基于炎性细胞的类型，以及有无微生物存在，如中性粒细胞性脂膜炎、淋巴细胞性脂膜炎、肉芽肿性脂膜炎、脓性肉芽肿性脂膜炎等。

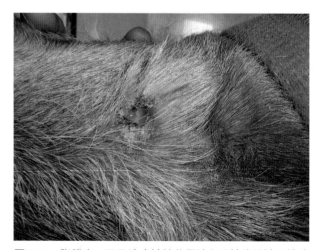

图2-10 脂膜炎，可见溃疡性结节释放出油性浆液性血性渗出物

皮肤病临床类型

皮肤病的临床类型取决于不同因素侵袭皮肤而导致的病理生理反应（框 2-2）。在前面的章节中，我们描述了可变的多种生理机制以及相应的病变类型。犬皮肤上的每一种微观损伤，都是一种或多种微观机制的结果。基于这些知识，可以将相关的病变归类分组，以定义出一个临床分类。

框 2-2　病理生理机制及相应的临床表现

	病理生理反应类型	临床表现	临床过程
表皮	过度角化	鳞屑/结痂及皮脂溢	▶ 特应性皮炎 ▶ 硬茧 ▶ 维生素 A 缺乏症 ▶ 鱼鳞癣 ▶ 原发性皮脂溢
	增生	鳞屑/结痂及皮脂溢	硬茧
		鳞屑/结痂及皮脂溢，伴随苔藓化	▶ 乳头状瘤 ▶ 慢性过敏症
	细胞凋亡	泡状脓性丘疹	多形红斑
		糜烂-溃疡	红斑狼疮
	坏死	糜烂-溃疡	▶ 烫伤 ▶ 接触性刺激 ▶ 血管炎
	海绵状水肿	泡状脓性丘疹	葡萄球菌和马拉色菌属
	空泡变性	泡状脓性丘疹	红斑狼疮
		糜烂-溃疡	皮肌炎
		色素改变	药物反应
	棘层松解	泡状脓性丘疹	▶ 落叶型天疱疮 ▶ 毛癣菌 ▶ 浅表脓皮症 ▶ 寻常型天疱疮
真皮	炎性细胞浸润（中性粒细胞、嗜酸性粒细胞、淋巴细胞、浆细胞、巨噬细胞）	鳞屑/结痂及皮脂溢	红斑狼疮
		泡状脓性丘疹	多形红斑
		糜烂-溃疡	▶ 特发性 ▶ 跳蚤过敏 ▶ 食物过敏 ▶ 利什曼病 ▶ 疥螨感染
		结节	▶ 细菌性肉芽肿 ▶ 蕈样肉芽肿
毛囊	毛囊壁炎	脱毛	▶ 皮肤癣菌病 ▶ 蠕形螨病
	毛囊腔炎	脱毛	葡萄球菌病
	色素改变	脱毛	▶ 毛囊萎缩症 ▶ 甲状腺机能减退 ▶ 肾上腺皮质机能亢进
脂膜	炎性细胞浸润	结节	▶ 脓肿 ▶ 脂膜炎

要定义对应于每个病例的皮肤病类型，有必要认识病患所显示的主要病变类型。因此，根据观察到的病变情况，可以确定以下主要类型：

▶局灶性/多灶性脱毛型

▶局部或全身对称性脱毛型

▶鳞屑/结痂和皮脂溢型

▶糜烂-溃疡型

▶丘疹和水疱型

▶带瘘管的丘疹结节型

▶色素改变型

一种特定的临床类型可以是多种原因的结果，一个特定的原因可以引起具有多个临床类型特征的病变。因此，对于每一种临床类型，重要的是准备一份鉴别诊断列表。

下面将描述最重要的临床类型的特征，并在随后的章节中更深入地讨论（除了结节和色素改变）。

局灶性/多灶性脱毛型

局灶性/多灶性脱毛型的特点是大小不等的脱毛灶出现在躯体的单个区域（图2-11），或呈多处散在性分布（图2-12和图2-13）。脱毛病灶的出现表明有潜在原因影响了毛囊或毛发结构的任何部分，导致脱毛。虽然许多药物可以导致这样的脱毛，下列原因却是更常见的：

▶皮肤表面有引起细菌性毛囊炎的细菌（图2-14）。

▶蠕形螨过度生长（蠕形螨病）。

▶浅表致病性真菌对毛发表层结构的破坏（皮肤癣菌病）。

▶注射部位对药物的反应（比上述原因罕见）：如使用控制跳蚤的吸管、疫苗接种、皮质类固醇或孕酮等。

> 在许多情况下，脱毛病灶可能伴有其他病变，如红斑、鳞屑或丘疹样病变（图2-14），其共同特点是脱毛。

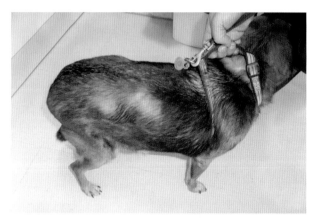

图2-12　在骨盆水平面，躯干后1/3部位的多灶性脱毛

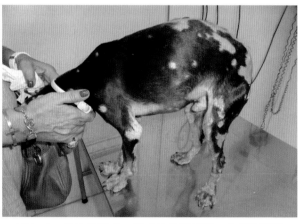

图2-13　多灶性脱毛，脱毛灶位于躯干、头部和四肢

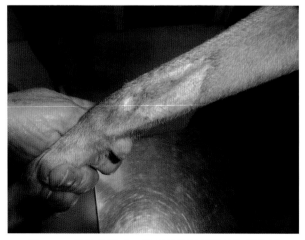

图2-11　局灶性脱毛，脱毛灶位于后肢的局部区域

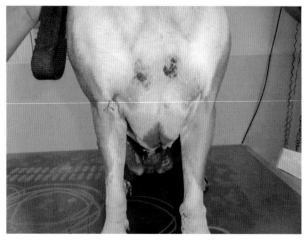

图2-14　红斑样脱毛病灶伴发丘疹脓疱性病变

局部或全身对称性脱毛型

对称性脱毛型的关键特征（局部或广泛性）：在一个特定的身体区域（图2-15和图2-16）或几乎遍布犬的整个身体，在很大的区域内对称性地

无毛（图2-17）。这类广泛性脱毛可能由于：

▶ 局灶性/多灶性脱毛的持续发展。许多引起局灶性/多灶性脱毛的原因也会引起广泛的脱毛。

▶ 毛发形成机制的其他改变和毛发生长周期的改变。参与导致对称性脱毛的主要过程通常包括毛囊营养不良、内分泌疾病、毛囊发育停滞、静止期异味脱毛。

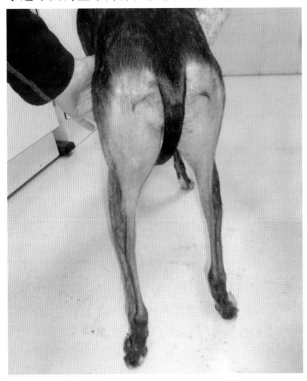

图2-15 骨盆及后肢内侧区域对称性脱毛

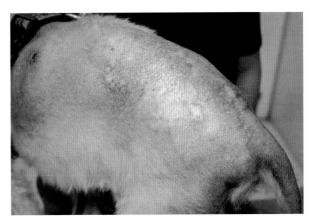

图2-17 躯干背外侧区广泛对称性脱毛

鳞屑／结痂和皮脂溢型

鳞屑/结痂和皮脂溢型的特征是出现不同大小和颜色的鳞屑，可以出现在身体的特定区域，或表现为全身（图2-18）。该表现和影响皮肤角化进程的因素有关，犬的这种表现可持续4周，主要表现为皮肤角质层的过度脱落。

> 该类型是最难分类的类型之一，因为它常常伴有其他类型的病变，如脱毛、老茧、过度角化、红斑、结痂、毛囊管型或油性毛发。

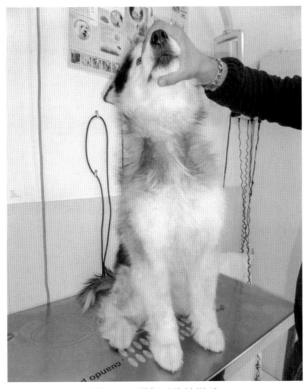

图2-16 颈部对称性脱毛

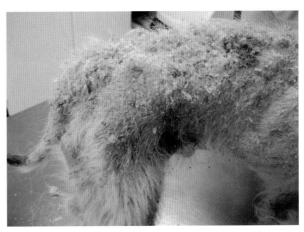

图2-18 利什曼病患犬表现全身性干性脂溢过程

这一类型的确认需要识别鳞屑、结痂、毛囊管型、黑头粉刺、干枯的毛发或油性的皮肤与被毛（图2-19）。

鳞屑/结痂和皮脂溢型最常见的原因是遗传因素导致的原发性角化缺陷，如可卡犬的鳞屑病或原发性皮脂腺病（维生素A反应性皮肤病），自身免疫性问题如表皮剥脱性狼疮，体内寄生虫病如利什曼病，肿瘤如趋上皮性淋巴瘤，有瘙痒表现的疾病如疥癣、跳蚤叮咬性皮炎、特应性皮炎、虱咬及姬螯螨病。

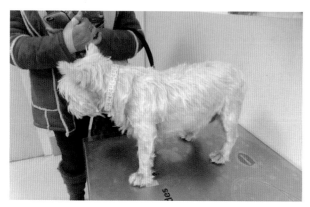

图2-19　特应性皮炎患犬表现出油性毛发的脂溢性皮炎

糜烂-溃疡型

该类型的特征是继发性糜烂-溃疡，由于皮肤失去连续性，影响到表皮层（糜烂）或任何层次的真皮（溃疡）：

▶ 糜烂是表皮的局限性和凹陷性病变，不能透过与真皮分隔开的基底层，不流血，愈合后也不留下疤痕（图2-20）。

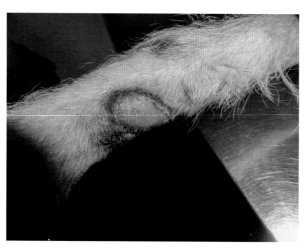

图2-20　动物舔舐导致的后肢糜烂性损伤

▶ 溃疡是跨越基底层的深部病变，同时影响表皮和真皮（图2-21）。这些病变往往容易出血，且在愈合初期就发生周边的结痂现象。如果该病变没有累及深层真皮，它们可以不留下疤痕或只留下轻微的疤痕。当溃疡影响到真皮的最深部分，机体自身愈合机制会产生明显的疤痕（又称结痂）（图2-22）。

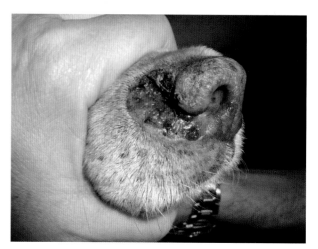

图2-21　鳞状细胞癌患犬的溃疡性病变

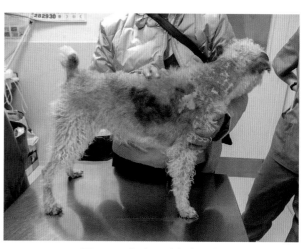

图2-22　焦痂，脱色素疤痕

虽然需要做皮肤活检才能区分糜烂和溃疡，但这种区别在临床上并不重要，因为犬的皮肤很薄，而且糜烂很容易发展为溃疡。

糜烂和溃疡可能是由不同的体内因素引起的，如利什曼病、严重的炎症、皮肤结构的免疫反应及缺血过程；或外部因素，如阳光、化学物质和热烧伤。

溃疡可能是血管闭塞引起组织梗死的结果，也可能是由血栓、栓塞、冷球蛋白或冷球蛋白血症引起的血管收缩所致。

溃疡也可发展为各种类型的肉芽肿性结节，如与深部真菌病、分支杆菌病或利什曼病等有关的结节。溃疡病灶附近的结节通常提示肿瘤或肉芽肿。

丘疹样脓疱与水疱型

该类型的特征是存在原发性病变，包括隆起的丘疹、脓疱和/或小泡。这三种病变可以单独发生，可以合并发生，也可以与其他发展中的病变一起发生，取决于潜在病因之间的差异。

脓性丘疹是最常见的表现形式（图2-23），其具有高度可变性（图2-24），使原发病变的鉴别变得复杂。为了做出准确的判断，可在最初形成囊泡的区域内寻找结痂。

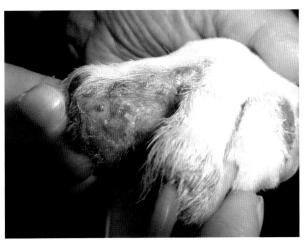

图2-23 脓性丘疹样病变（1）

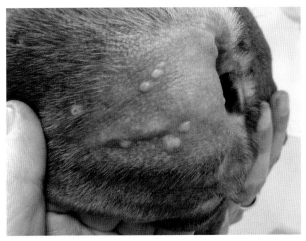

图2-24 脓性丘疹样病变（2）

脓疱常见于细菌性脓皮病、蠕形螨病、天疱疮、无菌性脓疱性皮炎。

表皮内的水疱主要见于接触性皮炎、寻常型天疱疮和一些药物反应。最严重的水疱样病变是由真皮与表皮交界处的病变所产生的（图2-25），在大疱性类天疱疮、大疱性表皮松解症、重度多形红斑、沙皮犬黏液病以及与某些类型烧伤有关的疾病中可观察到。

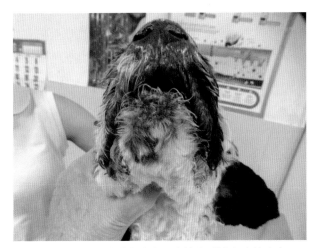

图2-25 嘴唇黏膜皮肤交界处的广泛性水疱状病变

带瘘管的丘疹结节型

结节型是指直径超过1cm的皮肤表面隆起的结节（图2-26）。此类型可能是因肿瘤影响皮肤和皮下组织而出现，这超出了本书的范围，因此后续章节不做详述。不过，最关键的信息可见框2-3，其中列举了结节型的主要成因。

框2-3 结节的分类

▶ 无菌性炎性结节
▶ 感染性炎性结节（感染性过程）
　▶ 细菌性炎性结节
　▶ 真菌性炎性结节
　▶ 寄生虫性炎性结节
　▶ 病毒性炎性结节
▶ 囊肿样结节
▶ 肿瘤样结节
▶ 其他类型的结节

结节为圆形病变（图2-27），可为椭球状或花椰菜样（图2-28）、坚实或囊肿样（图2-29）或水肿。有些结节的大小与丘疹十分接近，为了鉴别诊断，有必要确定病变的深度以及是否容易触诊（有结节特征，而非丘疹）。

结节可延展到表皮、真皮、皮下组织和肌肉。

根据成分和细胞学特征，结节可分为5大类：非炎性结节、炎性结节、囊肿样、肿瘤和缺乏细胞成分的结节。其中最重要的是炎性结节和肿瘤结节。因此，临床医生知道如何在细胞学上区分这两种类型的结节是非常重要的。

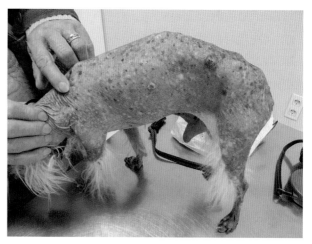

图2-29　一只中国冠毛犬的囊肿样结节

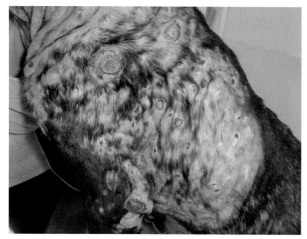

图2-26　非上皮性皮肤淋巴瘤患犬的大小不一的结节性病变

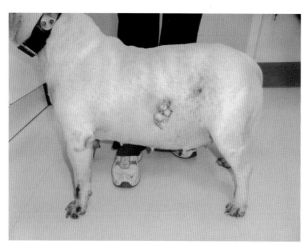

图2-27　躯干侧面的肿瘤结节

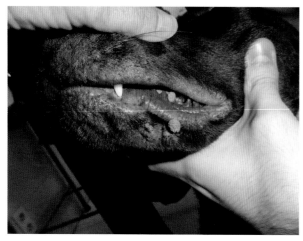

图2-28　乳头状瘤样结节

炎性结节与肿瘤结节的鉴别

在炎性结节中，炎性细胞占主导地位，组织细胞稀少。较多的组织细胞一般出现在肿瘤或增生过程，偶尔可以观察到含有炎性和组织成分混合物的复杂结构，可以解释为具有继发性组织激活的炎症过程，或具有继发性炎症的肿瘤过程。

炎症结节中应能发现以下细胞：中性粒细胞（退行性或非退行性）、淋巴细胞、浆细胞、巨噬细胞、巨细胞、嗜酸性粒细胞和肥大细胞。

在急性炎症过程中，中性粒细胞占主导地位，占炎性细胞的70%以上。退行性中性粒细胞在细菌感染进程中常见。非退行性中性粒细胞的存在并不意味着细菌感染可以被排除，但可以提示其他非传染性炎症过程。

在慢性炎症中，中性粒细胞与其他类型的细胞并存（主要是巨噬细胞、淋巴细胞、浆细胞和多核巨细胞），约占炎性细胞总数的15%。在慢性炎症过程中，可以观察到多核巨噬细胞。

上皮细胞和间充质细胞在炎症过程中可能经历增生和激活的过程，因此可能与类似的肿瘤细胞相混淆。为了分辨这些细胞，必须确定炎性细胞的数量与组织细胞（增生性细胞）的数量是否显著相关。

非感染性或无菌性炎症性皮肤结节　非感染性或无菌性炎症性皮肤结节的特点是大量的炎性细胞以及基本不会看到微生物。一般来说包括下列类型：

▶ 异物反应（图2-30）。其特点是肉芽肿性炎症，细胞学可见中性粒细胞、巨噬细胞、淋巴细胞、浆细胞、嗜酸性粒细胞、肥大细胞，在某些情况下，可见增生性组织细胞。

▶ 疫苗反应。其特点是主要存在单核炎性细胞，以及巨噬细胞内外明亮的、嗜酸性颗粒状物质。

▶ 皮下脂肪无菌性炎症或坏死（脂膜炎）。脂膜炎的特点是脂肪滴周围有炎性细胞，以及可见梭形的反应性间充质细胞。大量细胞的细胞质中可能含有明显的液泡。

▶ 嗜酸性反应。以大量嗜酸性粒细胞为特征（一般在全部炎性细胞中占比大于10%）。常见于寄生虫性肉芽肿和过敏反应。在某些情况下，肥大细胞瘤也会伴有嗜酸性反应。

▶ 免疫介导反应（图2-31）。非退行性中性粒细胞占主导地位，伴随着其他占比较少的炎性细胞（淋巴细胞和浆细胞）。通常细胞学诊断这些过程不够敏感。

感染过程引起的炎性结节　在某些情况下，病原体的种类是易于辨认的；而在另一些情况下，可能要根据主要的细胞类型或炎性细胞引起的变化去怀疑。

▶ 常见细菌感染。其特征是大量退行性中性粒细胞和其中细菌。

▶ 丝状细菌感染（如诺卡氏菌或放线菌）。与中性粒细胞或脓性肉芽肿反应有关。

▶ 分支杆菌。通常引起肉芽肿反应，以巨噬细胞为主，普通染液不能使其着色，但能在该细胞内留下一个无法着色的区域。

▶ 利什曼原虫（图2-32）。主要引起炎症反应，以单核细胞（浆细胞、巨噬细胞、淋巴细胞）为主。可观察到结缔组织细胞的反应性增生，巨噬细胞内或细胞外间隙中可能见到无鞭毛体。

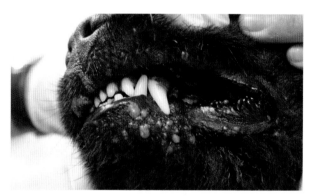

图2-32　利什曼病引起的皮肤丘疹样病变

▶ 霉菌感染。继发于真菌感染的肉芽肿结节在西班牙很少见，但在其他地区经常发生（如巴西），可包括隐球菌病、芽生菌病、组织胞浆菌病、孢子丝菌病和皮肤癣菌肉芽肿（图2-33）。

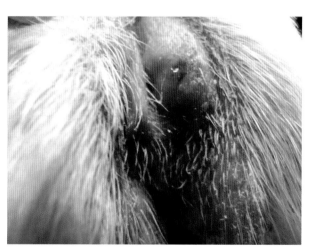

图2-30　趾间由于尖刺刺入皮肤导致的炎性结节

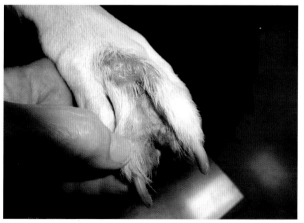

图2-31　一只过敏性皮肤病患犬的趾间结节

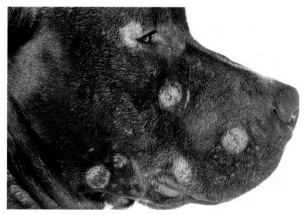

图2-33　皮肤癣菌肉芽肿（图片由Amparo Ordúñez提供）

▶病毒感染。如乳头状瘤。

囊肿样结节　该类型包括下列种类：

▶毛囊囊肿。毛囊囊肿的细胞学特征是大量的角质（嗜碱性的）和脱落的上皮细胞，有核细胞几乎不存在。细胞学不可用于区别毛囊肿瘤。

▶血肿。细胞学以血液、巨噬细胞和红细胞增多为特征。在某些图像中，血肿与未发生瘤细胞脱落的血管肿瘤（血管瘤、血管肉瘤）非常相似。

▶血清肿。细针抽吸可获得透明的少细胞液体，含有类似于间皮细胞的单核细胞。

▶唾液腺囊肿或唾液黏液囊肿。含有黏性液体，细胞体积大，细胞质丰富，液泡多（泡沫细胞）。通常可见多核细胞。细胞学显示主要为泡沫细胞和中性粒细胞，这与唾液腺炎的特征相符。

▶错构瘤（图2-34）或痣。是先天性或获得性皮脂腺单位或真皮的病变，含有胶原、血管、毛囊或皮脂腺成分。

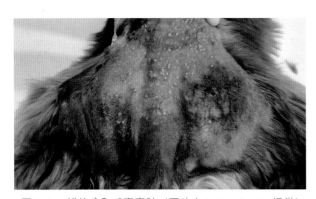

图2-34　错构瘤和毛囊囊肿（图片由Carlota Sancho提供）

肿瘤结节　皮肤肿瘤结节可包括：

▶源自于不同皮肤结构的细胞（表皮、毛囊、皮脂腺、汗腺），或起源于间充质组织或产生黑色素的细胞。

▶皮肤免疫系统的细胞。如组织细胞、巨噬细胞、淋巴细胞、浆细胞和肥大细胞。

▶非皮肤肿瘤。如转移性乳腺癌转移到皮肤。

虽然组织学分类主要是基于肿瘤起源的组织类型（上皮、间充质、黑色素细胞或不可分类的），但对于兽医来说，根据细胞学观察到的细胞形态，对皮肤和皮下组织的肿瘤进行分类要简单的多。可以根据细胞形态建立细胞病理学分类，

如圆细胞肿瘤、上皮细胞肿瘤、梭形细胞肿瘤和黑色素细胞肿瘤，然后检查肿瘤是否存在恶性迹象。然而，细胞学并不总是能敏感地区分增生物和良性肿瘤、良性肿瘤和高分化恶性肿瘤、或肿瘤和囊肿。在许多情况下，组织病理学可以用来解决这些困境。无论如何，根据细胞学可以将肿瘤结节分为以下几类：

▶圆形细胞肿瘤结节（图2-35）。这类结节很容易脱落大量细胞，包括淋巴肉瘤、组织细胞瘤、浆细胞瘤、传染性性病肿瘤和肥大细胞瘤。

▶上皮细胞肿瘤结节（图2-36）。对这类结节进行细胞学检查的目的是至少区分腺性结节和非腺性结节。腺上皮细胞肿瘤结节（腺瘤或癌）形成大量细胞质空泡化的细胞群，包括皮脂腺、肛周腺、汗腺或顶浆汗腺以及肛门囊的肿瘤。非腺上皮细胞瘤包括基底细胞瘤、中间层上皮细胞瘤、

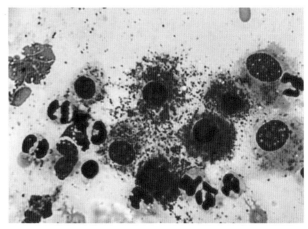

图2-35　细针穿刺（FNP）细胞学的圆形细胞肿瘤（皮肤肥大细胞瘤）（图片由Sara Peña提供）

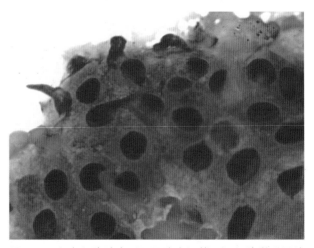

图2-36　上皮细胞肿瘤（肛周腺癌）的FNP细胞学（图片由Sara Peña提供）

鳞状细胞癌和毛囊肿瘤（漏斗状棘皮瘤或角棘皮瘤、毛细胞瘤、成毛细胞瘤和毛上皮瘤）。

▶ 纺锤状细胞或间质细胞肿瘤结节（图2-37）。它们起源于血管、淋巴管、神经、毛发的竖毛肌和脂肪细胞，包括纤维瘤、纤维肉瘤、黏液肉瘤、血管瘤、血管肉瘤、血管外皮细胞瘤、血管平滑肌肉瘤、血管平滑肌肌瘤、脂肪瘤、脂肪肉瘤、纤维组织细胞瘤，及未分化肉瘤。

▶ 黑色素瘤结节（图2-38）。这一类与源于黑色素细胞的肿瘤相对应，包括黑色素细胞瘤和黑色素瘤，其中最重要的是黑色素瘤，由上皮细胞、梭形细胞或圆形细胞组成。当观察到黑色素颗粒时，就可以确诊。

其他类型的结节　与上述类型不同的结节如下：

▶ 在局限性钙质沉着症或皮肤钙质沉着症中发生的矿物质堆积。

▶ 无细胞成分的结节（如胶原蛋白团块）。

▶ 皮脂腺增生、纤维附件发育异常、脂肪瘤样病、结节性皮肤纤维化或顶浆腺囊瘤病。

结节还可以包括痈（图2-39），这是一种深部坏死性的毛囊炎，伴有脓性物质的积聚。该类型也包括脓肿，脓肿是位于真皮或皮下组织最深

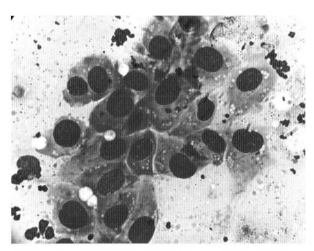

图2-37　间充质细胞肿瘤（间变性肉瘤）的FNP细胞学
（图片由Sara Peña提供）

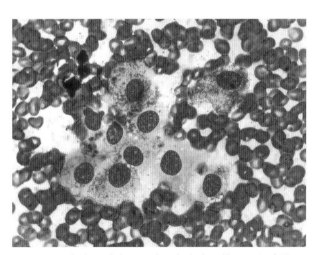

图2-38　黑色素细胞瘤（口腔黑色素瘤）的FNP细胞学
（图片由Sara Peña提供）

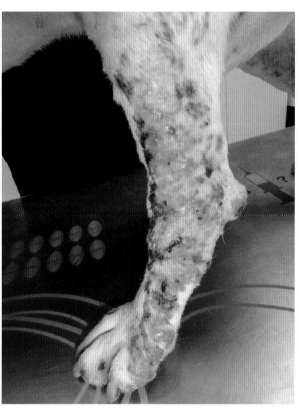

图2-39　疖病和蜂窝织炎

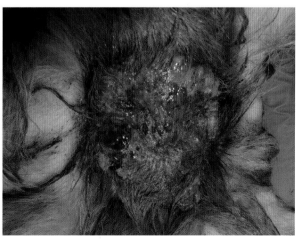

图2-40　一只德国牧羊犬的肛周瘘管

处化脓性物质的积聚，因此在皮肤表面不可见，从皮肤表面看不出脓性内容物。脓肿通常始于毛囊炎，是由链球菌或葡萄球菌引起的皮肤感染的表现。

瘘管（图2-40）或窦道是连接皮肤深层化脓腔和皮肤表面的通道，虽然连接脓肿腔或者连接囊性结构的通道也可归为此类型。

色素改变型

虽然色素改变的本质可能主要显示了审美意义，但在某些情况下，这些改变是全身性疾病、炎症反应或遗传性皮肤病的结果。影响色素沉着的其他因素包括激素、年龄、温度和炎症。

色素减退

色素减退是指表皮和真皮表面黑色素含量的减少。它主要由于角质细胞或黑色素细胞的细胞质中黑色素颗粒数量减少。色素沉着不足可能是先天性的或遗传性的，由于缺乏黑色素细胞、黑色素细胞产生的黑色素不足或黑色素向角质细胞转移的缺陷而形成（框2-4）。

色素减退也可能是由于失去现有的黑色素或失去黑色素细胞（脱色）。由于铜是酪氨酸酶的组成部分，黑色素的产生依赖于这种矿物质，缺乏铜会导致色素脱失。

色素减退可发生于感染或坏死进程之后，也可见于红斑狼疮、趋上皮性淋巴瘤和葡萄膜皮肤综合征的病例（图2-41），以及白癜风和白化病（图2-42）。

色素失禁

色素失禁是一个术语，用于表示黑色素从表皮基细胞层或从毛球根的外鞘失去。当表皮基底层或毛囊的细胞受损，分别导致真皮浅表区域或毛囊周围区域的黑色素丢失，并且分别被巨噬细胞捕获（图2-43）。

框2-4　色素减退的主要原因

▶ 先天/遗传因素
  ▶ 眼皮肤白化病
  ▶ 斑状白化病
  ▶ 葡萄膜皮肤综合征
  ▶ 白癜风
▶ 后天因素
  ▶ 营养失衡（铜、锌、蛋白质缺乏）
  ▶ 免疫介导反应
    ▶ 天疱疮
    ▶ 各种类型的过敏性皮炎
    ▶ 特发性（口鼻的特发性色素减退）
    ▶ 利什曼病
    ▶ 红斑狼疮
    ▶ 存在炎症过程的其他种类的皮炎
  ▶ 外伤（烧伤、冷冻、手术）

图2-42　白化病患犬

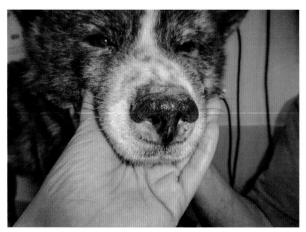

图2-41　葡萄膜皮肤综合征

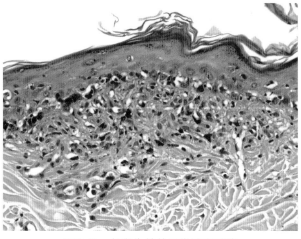

图2-43　色素失禁的显微镜下图像

色素失禁可能是一种与炎症相关的非特异性病变，但也可能是一种破坏表皮基底层或黑色素细胞的特异性病理，如红斑狼疮。

毛囊周围色素失禁也可在炎症影响毛囊壁的过程中观察到（如蠕形螨病），或在毛囊结构异常生长的情况下观察到（如毛囊发育异常）。

色素沉着

色素沉着是指表皮或真皮层黑色素数量的增加。它是由于黑色素颗粒在角质细胞的细胞质中，以及在血管周围真皮的巨噬细胞和黑色素细胞中积累而引起的。可根据黑素体合成速率、黑素体大小、黑素体从黑素细胞向角质细胞的转移速率、角质细胞内黑素体的存活率等参数的增加程度对色素沉着进行分类（框2-5）。

黑色素细胞数量增加导致的色素沉着发生在斑痣中，是对过敏性慢性炎症过程（图2-44）和内分泌疾病（图2-45）中黑色素生成增加的反应。

框2-5　色素沉着的主要原因

▶ 先天 / 遗传因素
　▶ 斑点
　▶ 痣
▶ 后天因素
　▶ 周期性脱毛
　▶ X 型脱毛症
　▶ 内分泌疾病
　▶ 肿瘤
　▶ 炎症过程
　　▶ 蠕形螨病、脚气、脓皮病
　　▶ 马拉色菌感染
　▶ 受紫外线照射的脱毛患犬

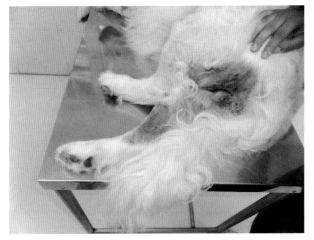

图2-44　由于过敏引起的色素沉着

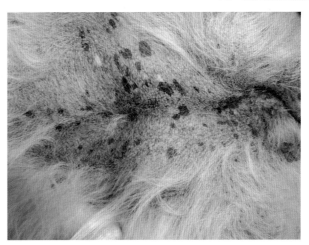

图2-45　内分泌失调引起的色素沉着

瘙痒症

实际上，瘙痒不被认为是一种临床类型。然而，这是皮肤科兽医最常遇到的咨询问题，因此有必要单独讨论。瘙痒是一个主要的症状，可以伴随上述任何类型。在某种程度上，任何既定的皮肤病类型都是根据定义病变的存在和瘙痒有无做出诊断。

> 任何包含瘙痒的皮肤表现，自发病以来便应当被视为一种瘙痒症，并据此选择适当的诊断方案。

对于以瘙痒为突出症状的临床类型，有必要确认患犬表现的瘙痒不仅仅是抓挠（如咀嚼、吸吮、舔食或在墙壁或家具上摩擦患病的身体部位）。

在这种情况下，应当记住与瘙痒有关的最重要的病理过程是皮肤的外寄生虫病和过敏。其他的病理过程也可能会出现瘙痒，但应通过分析病史以确认瘙痒是否在其他病变发生后出现的。

在诊断瘙痒患犬时，重要的是要注意患犬抓伤的身体区域以及瘙痒的强度，因为这些信息在确定适当的诊断方案时是至关重要的。急性瘙痒的特点是存在红斑（图2-46）、丘疹和鳞屑，而慢性瘙痒通常伴有苔藓化和色素沉着（图2-47）。

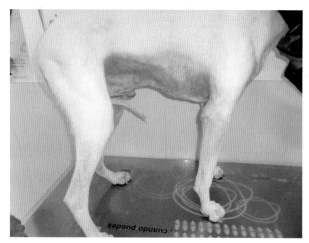

图2-46 过敏引起的急性瘙痒，伴有红斑

图2-47 慢性瘙痒，伴有苔藓化和色素沉着

PART 3

第3章

局灶性或多灶性脱毛型

简 介

局灶性或多灶性脱毛是一种皮肤的异常状况，其特征是出现斑秃或硬币状脱毛区（图3-1）。

病灶处脱毛通常是由炎症侵袭毛囊皮脂腺单位引起的。造成局灶性脱毛的原因包括感染、寄生虫、免疫介导性疾病以及创伤。局灶性脱毛有时也会因血管问题、营养问题或肿瘤引起，尽管在临床上并不常见。

根据潜在的病理生理机制划分，局灶性或多灶性脱毛可分为真性或假性脱毛。

真性脱毛：由于毛干改变或源于毛囊的毛干脱落而出现。例如，发生在某种药物直接损害毛干、侵袭毛发结构或影响其生长过程时。

假性脱毛：动物自我损伤而导致的毛干损害。在这种情况下，毛发本身不会脱落，但是在表皮层的毛囊漏斗部发生毛干折断或断裂。任何瘙痒都会引起这种情况的出现（图3-2）。

真性脱毛可由多因素直接侵袭毛囊单位引起，包括感染、寄生虫疾病、免疫介导性疾病、肿瘤、烧伤、创伤或血管病变，同时也可能因毛发生长不足或缺陷引起。上述因素中有很多是可以消除（治愈）的，且预后毛发生长良好。当毛囊被破坏，而且毛囊的根基也被破坏时会出现瘢痕性脱毛，这会阻止新毛囊的再生并导致永久性脱毛。

毛发的生长呈现系统性、周期性。从生长期（生长初期）开始，然后是中期或过渡阶段（生长中期），再到退化期或终止阶段（终止期），最后是脱落期，在此期间毛发脱落（图3-3）。

> 真性脱毛是感染、寄生虫疾病、免疫介导疾病、肿瘤、烧伤、创伤或血管病变的结果。

毛发生长过程可能受生长阶段缺乏刺激的影响，也可能受生长中期或终止期延长或停止的影响。另外，毛发生长缺陷可能由于基因编码

图3-1 细菌性毛囊炎引起英国斗牛犬多灶性脱毛

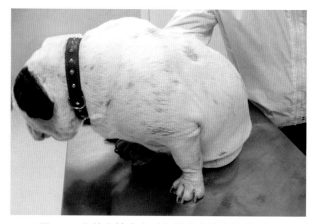

图3-2 犬特应性皮炎引起的瘙痒性多灶性脱毛

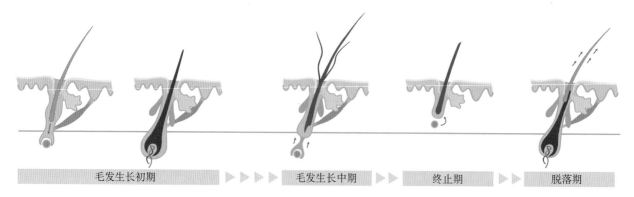

毛发生长初期　毛发生长中期　终止期　脱落期

图3-3 毛发生长周期的各个阶段（任何对毛发发育和生长机制的干扰都会引起脱毛，无论是局灶性、多灶性还是泛发性）

缺陷引起的毛发内在异常，导致细小和/或变形（发育不良）的毛发更容易脱落。这些机制的改变会导致疾病早期的多灶性脱发，并随着时间推移而发展为弥漫性或泛发性脱毛（关于毛囊改变的类型以及参与形成和调节毛囊生长的因素详见第4章）。

只需询问主人该犬是否有瘙痒。如果答案是

否定的，则可以通过分析毛发图像内的毛尖状态来证实：完整的毛尖（图3-4）证实没有瘙痒，指向为真性脱毛；如果尖端被截断或断裂（图3-5），则很可能是瘙痒引起的假性脱毛。

图3-4和图3-5实际是相同的，我们如何区分真性脱毛和假性脱毛？

图3-4　多灶性脱毛犬的毛发镜下观：可见完整毛发的尖端

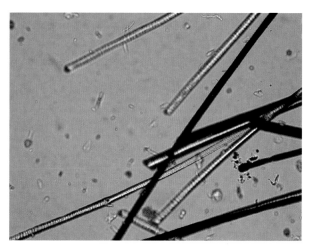

图3-5　多灶性脱毛犬的毛发镜下观：病灶周围的毛发尖端断裂

病　因

在对局灶性或多灶性脱毛患犬检查前，把导致这些临床类型的可能原因列表（框3-1和图3-6）对诊断会有很大帮助。

框3-1　局灶性或多灶性脱毛的主要原因

皮脂腺炎[1]	疫苗接种后脱毛	利什曼病[2]
斑秃	蠕形螨病[2]	上皮淋巴瘤
瘢痕性脱毛	皮肤癣菌病[2]	皮肤红斑狼疮
周期性脱毛[1]	家族性皮肌炎	盘状红斑狼疮
脱毛症	缺血性皮肤病	毛囊机能停止
牵拉性脱毛	锌反应性皮肤病	落叶型天疱疮
药物性脱毛（皮质类固醇、孕激素）	毛囊发育不良[1]	寻常型天疱疮
	细菌性毛囊炎	血管炎
剃毛后脱毛	尾腺增生	

注：1表示多灶性脱毛可以转为泛发性脱毛；2表示非常频繁地出现。

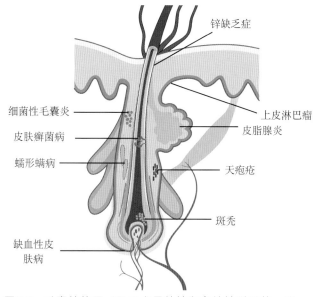

图3-6　毛囊结构图（显示犬局灶性和多灶性脱毛的一些主要原因影响的部位）

诊断程序

在介绍了局灶性或多灶性脱毛类型的概念后，接下来考虑确定病因的诊断程序，讨论每个阶段要考虑的因素及其解释。

为了对潜在的局灶性或多灶性脱毛过程进行明确的诊断，有必要分析患犬的临床病史，进行全身和皮肤病学检查，最后提出一系列排除潜在原因的诊断性检测。

病史分析

在对局灶性或多灶性脱毛患犬进行诊断时，要考虑的重要因素如下：

年龄

蠕形螨病（图3-7）和皮肤癣菌病（图3-8）在幼犬中很常见（1周岁内），但也可能发生在任何类型的代谢性或感染性疾病、肿瘤或内分泌疾病或接受长期免疫抑制治疗的老年犬（图3-9a）或青年犬（图3-9b）中。在大多数幼犬中，皮肌炎（图3-10）的特征是血管病变和脱毛。大多数特应性皮炎发生在6月龄至3岁的犬中，并伴有细菌性毛囊炎（图3-11）。趋上皮性淋巴瘤可能与脱毛有关（图3-12），主要见于老龄犬（通常超过7岁）。

性别

雌雄之间没有观察到脱毛状况的差异。

品种

虽然局灶性或多灶性脱毛可以影响任何品种的犬以及混种犬，但某些过程具有明显的遗传因素，因此在特定品种中更为常见。浅色毛的毛囊

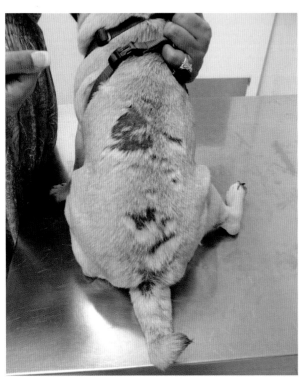

图3-7　患有蠕形螨病的6月龄病犬

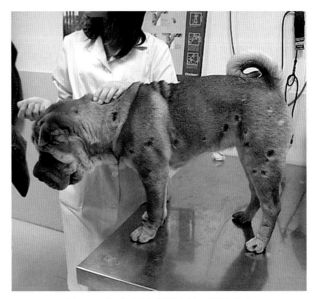

图3-8　患有皮肤癣菌病的8月龄病犬

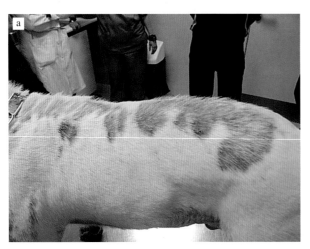

图3-9　蠕形螨病
a.患有肾上腺皮质机能亢进的老年犬蠕形螨病　b.利什曼病患犬的蠕形螨病

发育不良会影响毛色浅的品种，包括贵宾犬、吉娃娃犬、松狮犬、杜伯曼犬、意大利灵猩、大丹犬、迷你杜宾犬、腊肠犬和约克夏㹴（图3-13）。

毛囊发育不良在被毛长而卷曲的品种中也很常见，如西班牙和葡萄牙的水犬（图3-14）。

具有品种倾向性的其他皮肤病包括秋田犬、

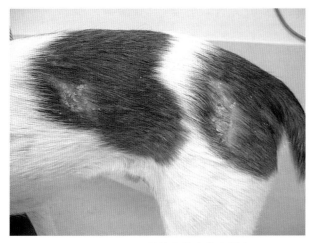

图3-10 一只14月龄杂种犬的皮肌炎

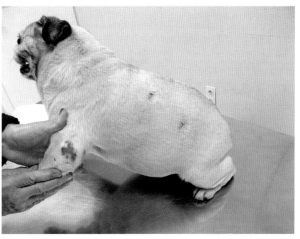

图3-11 一只患特应性皮炎的巴哥犬因细菌性毛囊炎引起多灶性脱毛

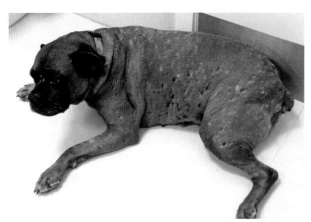

图3-12 一只患趋上皮性淋巴瘤的拳师犬表现色素过度沉着及多灶性脱毛

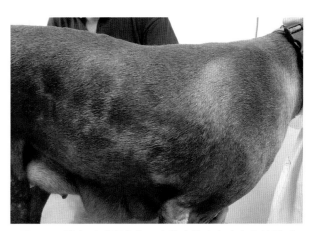

图3-13 浅色毛毛囊发育不良的犬普遍存在多灶性脱毛

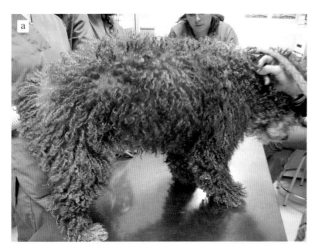

图3-14 葡萄牙水犬因毛囊发育不良引起多灶性脱毛
a.总体外观　b.发病部位脱毛和毛发特征改变（卷毛特征消失和脱毛）

贵宾犬（图3-15）、萨摩耶犬和维希拉猎犬的皮脂腺炎，西伯利亚哈士奇和阿拉斯加爱斯基摩犬的锌反应性皮肤病，腊肠犬的脱毛症（图3-16），长毛柯利犬（图3-17）、法国狼犬和喜乐蒂牧羊犬的皮肌炎，尽管杂种犬和其他品种也会受到影响。

其他可影响任何犬的皮肤病在特定品种有很高的发病率。例如，蠕形螨病和特发性细菌性毛囊炎多发于短毛犬种，如拳师犬、法国斗牛犬、英国斗牛犬、巴哥犬、大麦町犬和杜伯曼犬。

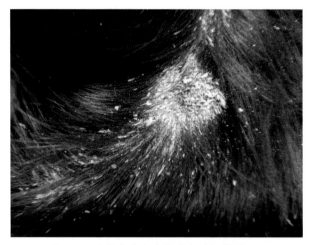

图3-15　黑色贵宾犬皮脂腺炎引起的脱毛区

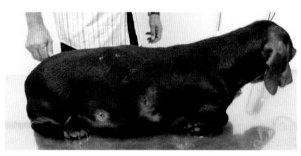

图3-16　腊肠犬耳郭脱毛和躯干侧面多灶性脱毛

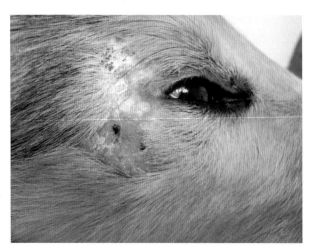

图3-17　患皮肌炎的柯利犬表现的脱毛和红斑

瘙痒

重要的是，确定病犬在当前局灶性或多灶性脱毛过程中是否有瘙痒或瘙痒的级别，如果如此，则注意其严重程度。瘙痒不是真性局灶性脱毛的特征，除非涉及诸如蠕形螨病或皮肤癣菌病的感染过程，在这种情况下可以观察到轻度瘙痒。

皮肤瘙痒从皮肤病一开始就有，提示自发诱导性（假性）脱毛。按照1～10的评分标准，严重瘙痒症的瘙痒程度为8～10（参见第8章），主要是由体外寄生虫和过敏引起的。相比之下，真性脱毛情况下的瘙痒程度很少超过2～3。

饮食

用特定犬粮喂养的犬实际上不存在饮食失衡的情况。然而，锌反应性皮肤病可能发生在使用富含谷物的营养不全食物饲喂的犬或者对钙摄入过多的犬，因为这会干扰肠道对锌的吸收。

有必要对一些患犬的食物成分进行定性检测，以确定其饮食是否均衡，以及任何饮食失衡是否为患犬脱毛的原因。

食物不耐受通常伴有瘙痒、局部病变和自发性脱毛。患犬可能有与饮食中某些成分有关的胃肠道疾病史（腹泻、呕吐、大便稀薄、黏液样便等）。

生活方式

杰克罗素㹴、腊肠犬和其他中小型猎犬种容易感染毛癣菌，因为这些犬种很容易钻入洞穴，并与受感染的刺猬或小型啮齿动物接触。

在其他宠物或人类中存在病变：与犬有接触的人或与犬生活或接触的其他宠物所发生的病变（图3-18），应怀疑是皮肤癣菌病或体外寄生虫（如跳蚤、姬螯螨或疥螨）感染。

季节性脱毛

某些病理过程的特点是脱毛有一定程度的季节性，如周期性脱毛与阳光周期的变化有关（图3-19）。某些犬的身体两侧会在冬季出现局灶性脱毛，但随着春季到夏季日照时间的增加，其毛发便再生出来。相反，在某些犬身上可以观察到逆季节趋势。

过敏反应

容易发生过敏反应的犬易发生葡萄球菌感染（图3-20），导致具有潜在季节性因素的局灶性脱毛，具体取决于引起过敏反应的过敏原类型。因此，季节性空气过敏原（多类型花粉）和跳蚤叮咬过敏引起的特应性皮炎，可能会因葡萄球菌性毛囊炎而出现局灶性脱毛，主要发生在3月、6月或9月之间（依地理上不同区域）。同样，复发性脓皮病也会在相同时期内复发。

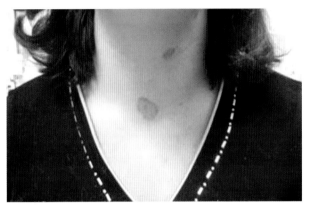

图3-18 患有皮肤癣菌病的宠物主人脖子上出现红斑、脱毛

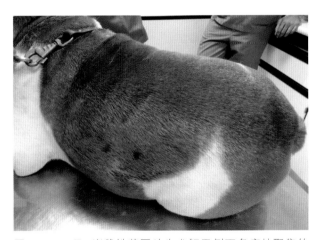

图3-19 一只4岁雌性英国斗牛犬躯干侧面多病灶聚集的周期性脱毛

图3-20 过敏性皮肤瘙痒伴红斑和多灶性脱毛的患犬

疫苗接种

狂犬病疫苗是与脱毛有关的最常见的疫苗，在接种疫苗后2个月至1年内出现（图3-21）。小型犬和玩具犬品种，以及带有白色被毛的犬种似乎更容易出现脱毛。

图3-21 疫苗接种部位出现的局灶性脱毛

注射途径似乎无关紧要，无论是皮下接种还是肌内接种，都可以观察到疫苗引起的脱毛。发生脱毛可以是局灶性或多灶性，伴有鳞屑、色素沉着、糜烂、结节、结痂和皮肤萎缩。病变也可能远离注射部位发展。

基于观察到的患犬对使用抗生素、抗真菌药或糖皮质激素治疗的反应类型，可以得出一些结论：糖皮质激素可以改善某些免疫介导的疾病，如皮脂腺炎或斑秃；同样，不伴有感染的过敏反应对皮质类固醇治疗的反应良好。尽管蠕形螨病、皮肤癣菌病和细菌性毛囊炎等最初可能对皮质类固醇疗法有良好的反应（可控制该病程的炎症成分），但治疗反应会迅速变差，继续用药将使病情恶化。

全身检查

即使患犬仅有单一的脱毛病灶，也有必要对其进行常规的病理学检查，这对成年犬或老年犬尤其重要，因为这些动物的局灶性脱毛通常是因细菌、蠕形螨或皮肤癣菌过度生长而导致的，后者是对免疫抑制、代谢或内分泌疾病的反应［如怀疑甲状腺机能减退（HT），证实心动过缓或睾丸萎缩就是必要的］。

皮肤病学检查

脱毛病灶的分布

有必要确定脱毛病灶是孤立的还是泛发的，以及是否呈对称性分布。毛囊发育不良和毛囊生长停滞可能最初表现为多灶性脱毛，随着病程迁延，逐渐发展为泛发性脱毛。对被毛的详细分析，有助于区分局部脱毛和泛发性脱毛过程的早期表现。

毛囊发育不良可以缓慢地发展，伴有局限于两侧的局灶性脱毛，也可以迅速发展为影响身体大部分区域的脱毛。通常，未发病部位保持正常，优质的毛发不容易脱落。内分泌因素引起的脱毛可以从躯干两侧的局灶性或多灶性脱毛开始，但周围被毛的质量变差，变得干燥、有鳞屑和容易拔掉。

在须毛癣菌感染的情况下，斑秃可导致面部毛发脱落（图3-22）。在这个过程中，脱毛通常仅限于发病部位，不会蔓延到身体其他部位。

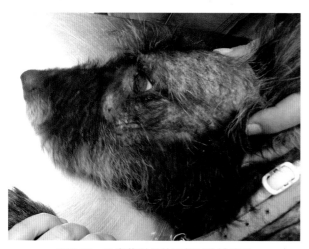

图3-22　毛癣菌引起的面部对称性脱毛

特应性皮炎和蠕形螨病可表现面部和脚趾脱毛。在这些病例中，对瘙痒部位的连续性摩擦、舔舐或啃咬可引起脱毛。然而，蠕形螨病例的脱毛是螨虫损害毛囊的结果。

确定是自损性脱毛还是真性脱毛

在假性脱毛或自损性脱毛的病例中，检查发病部位的皮肤，显示存在的毛发看起来修剪不佳，而脱毛区边缘的毛发不能被轻易拔掉。在真性脱毛的病例中，脱毛区没有残留的毛干，其周围区域的毛发可以很容易地拔掉。

毛发类型和病变

在短毛犬中很容易发现局灶性和多灶性脱毛，但少见于毛发长而密的患犬。当脱毛呈弥散性分布时，检查伴随的病变有一定作用。

无病变：在毛囊发育异常、毛囊静止或内分泌因素引起的脱毛病例中，脱毛通常不伴有其他病变，皮肤通常没有红斑或炎症，除非是由于继发感染引起并发症。

表皮环（图3-23）、丘疹、脓疱或结痂：这些病变表明细菌感染、落叶型天疱疮或其他丘疹脓疱性过程。

红斑和鳞屑：这些病灶伴有局灶性或多灶性脱毛，可怀疑是炎症病程。

脓疱：在自身免疫性脓皮病和皮肤病中，脓疱很常见（图3-24），但在所有的细菌感染中均未见到。例如，典型性侵害短毛犬的毛囊炎是以分

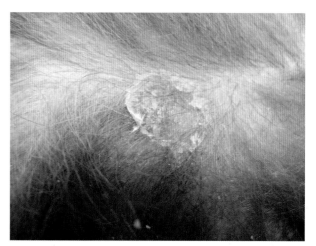

图3-23　细菌性毛囊炎导致的多灶性脱毛的表皮环

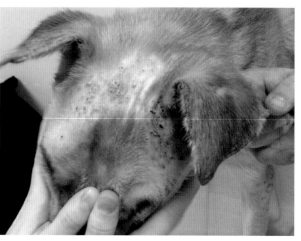

图3-24　落叶型天疱疮的脓疱

布于背部的脱毛病灶为特征，罕见感染原引起的原发性病变（如脓疱）。患处的毛发容易拔掉（图 3-25），并且可以观察到毛囊管型以及患处皮肤的炎症，提示对毛囊的感染性很强。这些毛囊管型的存在可能表明了毛囊细菌感染、蠕形螨病、皮肤癣菌病、皮脂腺炎或毛囊周期停滞引起的脱毛。

　　粉刺：在因蠕形螨病或皮肤癣菌引起的脱毛（图 3-26）、内分泌疾病（如肾上腺皮质机能亢进或甲状腺机能减退症）以及长期使用皮质类固醇激素治疗后，可以观察到这些情况。

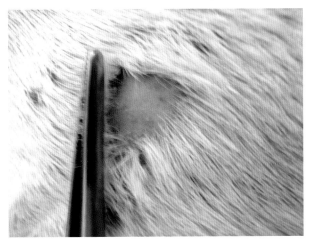

图 3-25　细菌性毛囊炎引起的脱毛灶：病灶周围的毛发容易拔除

图 3-26　皮肤癣菌引起的多灶性脱毛的粉刺（图片由 Anabel Dalmau 提供）

因蠕形螨病或皮肤癣病引起的脱毛，或内分泌疾病（如肾上腺皮质机能亢进症或甲状腺机能减退症）和长期使用皮质类固醇激素治疗后，都可观察到粉刺。

可逆和不可逆性脱毛

　　毛发在脱毛区域的出现取决于所讨论的炎症反应、血管病变或侵袭的类型，以及病变的程度和病程的长期性。

　　蠕形螨病：大多数因蠕形螨病引起的脱毛病例都可以完全解决。蠕形螨深入毛囊，引起毛囊炎；随着病程的恶化，毛囊结构破裂，诱发疖病，其深部病变会影响大量的毛发。如果这些病变发展为焦痂，则病变区域将不会有毛发再生的可能性。

　　皮肤癣菌病：真菌的菌丝可使毛干断裂，但是一旦被感染的毛发进入终止期并脱落，通常新长出来的毛发就很健康。

　　皮脂腺炎：皮脂腺的破坏导致毛囊过度角化和病变区域局部或全部脱毛。可以通过快速控制皮脂腺炎病程来预防永久性脱毛。

　　斑秃：激活的淋巴细胞攻击毛囊和毛球，可以导致毛干的脱落。在大多数情况下，此过程是可逆的。

　　不可逆性脱毛：不可逆的脱毛形式包括先天性脱毛、毛囊发育不良、颜色变浅性脱毛、以及任何遗传性脱毛。例如，在很多情况下，柯利犬的遗传性皮肌炎遵循毛囊萎缩和毛囊周围纤维化的过程，并且毛囊完全丧失（不可逆性脱毛）。不可逆性脱毛也可能是由深部细菌性脓皮病引起的，由于疖病、烧伤、放射线或缺血导致坏死性毛囊炎，从而永久性破坏毛囊造成瘢痕性脱毛。影响真皮的肿瘤可直接破坏毛囊。趋上皮性皮肤淋巴瘤（蕈样肉芽肿）可因肿瘤性淋巴细胞侵入毛囊上皮而引起脱毛。

▍诊断方案

　　为了确定局灶性或多灶性脱发的病因，应按以下步骤进行实验室检查。

步骤 1　刷毛和梳毛

　　给患犬刷毛时可以发现较大的寄生虫，如跳蚤或螨属幼虫，它们会引起机械性瘙痒或过敏性瘙痒，并伴有继发性细菌性毛囊炎。要使用细齿梳，尤其要注意颈部和躯干的腹侧区域以及背部腰部区域。

步骤2 深层和浅层皮肤刮片

这种方法可以用来确认或排除微生物的影响，特别是蠕形螨（图3-27）以及生活在表皮的任何其他螨虫。

用已涂有矿物油的刮铲或手术刀片刮擦，以促进材料的附着力。对于表面刮擦，可以通过在脱毛区上沿毛发生长方向简单摩擦来获得样本。对于深刮，在食指和拇指之间夹捏一层皮肤，然后在沿毛发生长的方向刮擦时挤压皮肤，直至观察到毛细血管出血为止。

进行刮擦时的注意事项：①对于长毛犬，首先要对刮擦区域的毛发进行修剪。②避免刮伤溃疡区域。③刮擦应在包含原发性病变（如丘疹或脓疱）的区域进行。④将一滴矿物油滴在刮刀或手术刀片上，并将获得的材料立即转移到载玻片上，然后在光学显微镜低倍镜下（4×或10×）观察。

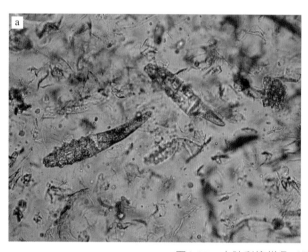
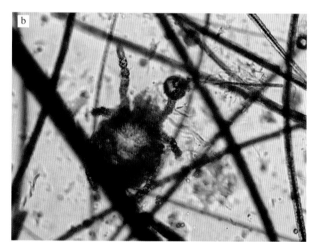

图3-27 皮肤刮擦样品（图片由Amparo Ortúñez提供）
a.蠕形螨 b.秋痒螨

步骤3 毛发镜检

这个方法可以用于确定毛发生长周期的当前阶段，是处于生长初期还是终止期。应用这种方法，还可能观察到毛干的结构变化或真菌孢子在髓质和皮质中的侵袭迹象（图3-28）。乳酚蓝可用于更好地观察孢子，受影响的毛发被染成蓝色，而健康的毛发仍未染色。

毛根和毛干中黑色素的杂乱堆积表明毛囊发育不良与毛色差异有关（图3-29）。在斑秃病例中可以观察到类似感叹号的头发。毛囊管型（图3-30和图3-31）是各种毛囊病变的特征，包括蠕形螨病、皮肤癣菌、皮脂腺炎和某些内分泌疾病。

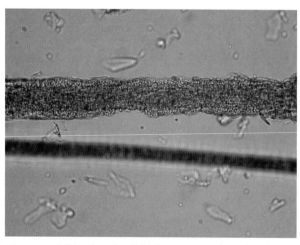

图3-28 毛发镜检：毛干的髓质和皮质（上部）由于真菌孢子的侵袭而失去结构，下方毛干的毛发结构正常

图3-29 毛发镜检：毛囊营养不良犬的毛发中黑色素堆积

毛发镜检图可以分析毛发的状况，揭示毛根和毛干的异常情况，并可以根据检查毛尖而区别真性脱毛。

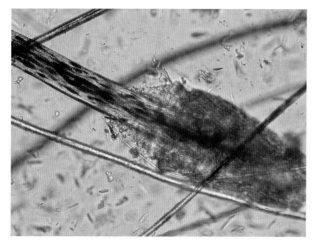

图3-30　毛囊发育不良犬的毛囊管型

图3-31　患有皮脂腺炎犬的毛囊管型

步骤4　伍德氏灯观察

绿色荧光下能观察到犬小孢子菌引起的感染（图3-32），但不能观察到其他皮肤癣菌引起的浅表真菌病。

结果判读时的注意事项：

①准备灯。灯应在使用前至少2min打开，以使其稳定。

②检查应在黑暗的房间中进行，将灯与皮肤表面保持5～10cm距离。

③阳性荧光是指在受感染的毛干上的荧光。

④假阳性：外用产品，如凡士林发出紫色荧光，水杨酸发出绿色荧光，白色衣服（长大

图3-32　感染犬小孢子菌的犬被毛在伍德氏灯下产生荧光

褂、工服）产生蓝白色的荧光；鳞屑、头屑或某些细菌（如铜绿假单胞菌和棒状杆菌）和某些肥皂。

⑤假阴性：以前使用局部杀菌剂（如聚维酮和克菌丹）进行治疗时。

步骤5　真菌培养

无论采用何种疗法，都可使用沙氏培养基（Sabouraud）和DTM培养基进行真菌培养（图3-33），以准确检测皮肤癣菌。

在伍德氏灯下检测荧光，不足以对皮肤病做出明确的诊断。

图3-33　在DTM培养基中观察到犬小孢子菌的生长

步骤6　体表细针穿刺细胞学

这项技术的主要目的是鉴定细菌和炎性细胞，如中性粒细胞（细菌性毛囊炎的指征）。

在其他情况下，棘红细胞和中性粒细胞也可在天疱疮型过程和肿瘤组织细胞中观察到。

步骤7　利什曼病的血清学检查

血清学检测（定量ELISA）用于鉴定具有高水平抗体（表明存在主动感染）的血清阳性犬。这些检测通常伴随血清蛋白分析。

步骤8　皮肤活检

皮肤活检是在分析上述检测结果后进行的，而不是在此之前。活检结果将补充毛囊状态基本分析中获得的信息（图3-34）。在以下情况进行活检：

①观察到毛囊管型时，没有检出蠕形螨和皮肤癣菌。

②观察到大量的终止期发根，但是患犬没有脱毛史并且内分泌功能正常。

③观察到毛干异常，包括色素改变。

④怀疑是肿瘤原因时（如趋上皮性淋巴瘤）。

⑤治疗过程中对常规疗法无反应时。

⑥为了建立明确诊断，所提议的治疗可能有害或非常昂贵时。

> 皮肤活检应当在做完其他检查后进行。

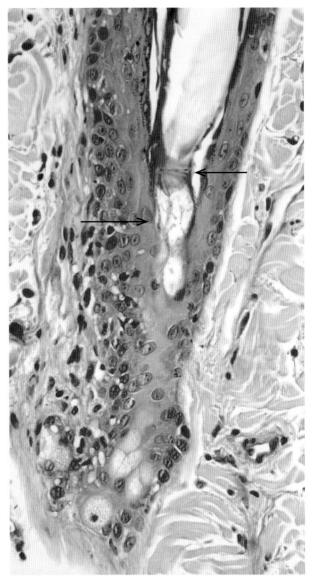

图3-34　皮肤活检：皮肤癣菌病患犬毛囊底部的菌丝（图片由Dolors Fondevila提供）

PART 4

第4章

对称性脱毛（局部或全身性）型

简 介

全身或局部的对称性脱毛是指犬的毛发稀缺，某个特定区域或广阔区域的毛发密度明显下降（如躯干、面部、四肢、腹部）见图4-1至图4-3。相对来说，犬的全身对称性脱毛更加常见。

这种类型脱毛的发展机制多种多样，但几乎都涉及毛囊形成过程的变化（图4-4），导致毛囊萎缩和发育不良/营养不良；或毛发生长周期减缓甚至停滞（图4-4），停留于生长中期或终止阶段。

导致全身对称性脱毛的其他生物学过程包括皮肤附件周围的炎症，如蠕形螨病、皮肤癣菌病（图4-5）、皮脂腺炎、影响毛发生长的全身性血管病、皮肤丝虫病和自我损伤（图4-6）。自我损伤在瘙痒症诊断中有具体描述，本章不再讨论。

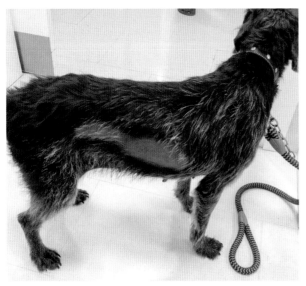

图4-1　躯干侧面的对称性脱毛

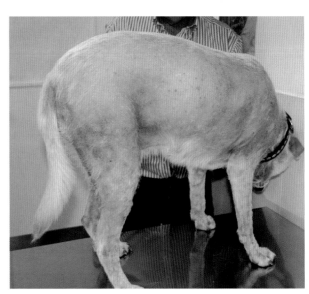

图4-2　血管病变造成的全身对称性脱毛

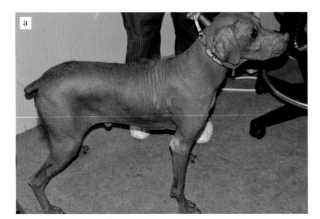

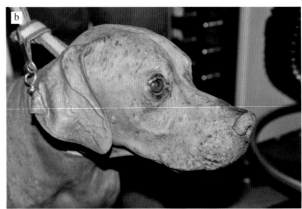

图4-3　图片由Pedro Ginel提供
a.犬的广泛斑秃　b.面部外貌

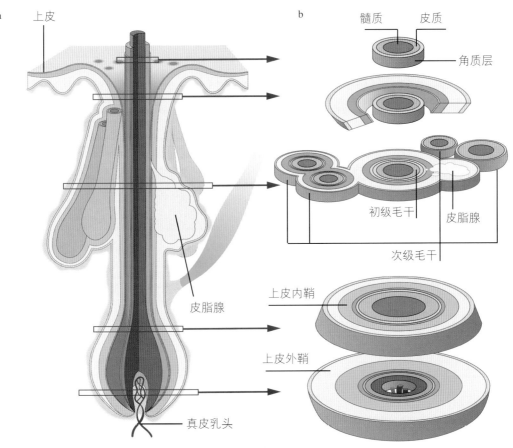

图4-4 犬的毛囊结构(来自Pous and Peker, 2004)
a.纵切面 b.矢状面

图4-5 皮肤真菌感染导致的面部脱毛(须毛癣菌和血管病变)

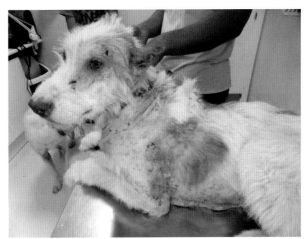

图4-6 疥螨导致的自损性对称性脱毛

影响毛发生长和形成的因素

毛囊是一个独立的皮肤单位,也是哺乳动物可持续再生的唯一结构。毛发生长周期包括生长(生长初期)、退化(生长中期)、终止(终止期)和脱落(脱落期)四个阶段。毛发生长周期每个阶段的相对持续时间因动物品种、年龄、性别和身体部位而有所不同。驯养的食肉动物其毛发生长是不同步的(不同毛囊在特定时间处于不同的生长阶段)。有人提出,某些犬种的毛发会持续生长,如贵宾犬、短尾犬、雪纳瑞犬,但这个说法并未得到科学证明。

毛发生长周期由一个"皮内时钟"控制，通过参与毛发周期调控的内在因素介导使局部信号发生改变。这个周期也受到机体特有的系统性调节因子（包括内分泌、神经、营养和血管等因子）的调控，这些因子不仅影响毛发生长，同样也影响整个皮肤系统（包括血管生成、免疫反应、皮肤结构和细胞增殖）。外部因素如环境温度、光照周期和营养因素的改变，也影响毛囊的发育（框4-1）。

框4-1　影响毛囊结构和发育的因素

类　　别	因　　素
内在因素（毛囊内）	这些因素影响干细胞、真皮乳头、纤维蛋白鞘层和毛囊基质 ▶ 细胞因子 ▶ 生长因子 ▶ 信号转导分子 ▶ 黏附分子 ▶ 蛋白酶及其抑制剂 ▶ 受体
内在因素（毛囊外）	这些因素影响结缔组织和脂肪组织 ▶ 神经刺激 ▶ 炎性反应 ▶ 血管反应
外部因素	▶ 季节 ▶ 光周期 ▶ 营养（必需脂肪酸、维生素A和维生素D、锌） ▶ 昼夜节律 ▶ 房间温度
系统因素 （针对个体）	这些因素影响了免疫系统、内分泌系统、神经系统 ▶ 整体的健康状态 ▶ 压力 ▶ 激素（雄激素、肾上腺皮质激素、雌激素、生长激素、褪黑素、催乳素、前黑色素、甲状腺素） ▶ 遗传影响

遗传学：毛发的生长期和长度是由基因决定的，决定被毛质地和长度的是 FGF-5、RSPO2 和 KRT71 这三个基因的组合编码。被毛颜色由另外三个基因（Mc1r、Agouti、heCBD103）决定，其中 Mc1r 和 Agouti 是分别让被毛显性为黑色和黄色的优势基因。被毛变浅是常染色体的隐性性状，其特征为黑素体转运缺陷而在黑素细胞内产生了大量色素聚集体。这种缺陷是黑色素（MLPH）基因突变的结果，会影响毛发颜色但不会引起脱毛。

光周期：毛发生长周期主要受到光照、环境温度、营养、激素、身体健康状态和基因的影响。毛囊的活性在夏季达到峰值（50%的毛囊处于生长期），在冬季到达最低值（10%毛囊处于生长期）。

> 犬暴露在人工光线下数小时，一整年都会重度脱毛。

饲喂：因为毛发含有大量的蛋白质，营养对于毛发质量有很大的影响，营养缺陷会导致毛发暗淡、干燥、脆弱。

全身问题：全身性疾病或应激会缩短毛发生长期，使大部分毛囊同步进入终止期，这些过程可以引起暂时性脱毛或终止期脱毛。

一般来说，控制毛囊结构的因素与控制毛囊周期的因素不同。控制毛囊结构的因素改变，会导致毛囊发育不良或毛囊萎缩；而控制毛囊周期的因素改变，则导致内分泌性脱毛、毛囊停滞、终止期异味或脱毛。

毛囊改变（导致脱毛）可分为3种类型：

结构改变：在生长期，毛球产生源于毛发基质（哺乳动物增殖最快的细胞群之一）角质细胞的毛干。在真皮乳头上方的皮质前毛发基质里，这些细胞开始分化而成为毛细胞，并从毛囊色素单元的黑色素细胞获得黑色素体使毛干着色。

色素改变：黑色素细胞是毛囊的色素单元。黑色素细胞产生黑色素，位于近毛囊真皮乳头1/3的上方和周围，它们把真黑色素体和嗜黑色素体转移到分化中毛囊的皮质前基质里的角质细胞，在每个生长中期内都会发生凋亡。

毛囊生长周期改变：从形态学的角度看，毛囊的转化涉及毛囊表型的一系列变化，这些变化遵循基因编码机制，包括终止期、生长初期的六个阶段（Ⅰ～Ⅵ）和生长中期的八个阶段（Ⅰ～Ⅷ）。

病　因

框4-2列出了包含在全身和局部对称性脱毛鉴别诊断列表中的许多潜在原因，然而基于所讨论的品种和动物的病史，这个表可以大大地缩小。框4-3列举了非内分泌性疾病导致的成年动物脱毛，框4-4列举了全身对称性脱毛的临床表现和易感品种。

框4-2　全身和局部对称性脱毛的主要原因

类　别	因　素
出生时脱毛	▶ X连锁犬毛囊发育不良 ▶ 先天性稀毛症 ▶ 外胚层缺损或发育不良伴随牙齿发育不良 ▶ 外胚层缺损或发育不良不伴随牙齿发育不良 ▶ 脱毛的犬品种
成年动物的内分泌性脱毛	▶ 垂体性侏儒症 ▶ 肾上腺皮质机能亢进 ▶ 雄性（支持细胞瘤）和雌性（卵巢肿瘤或囊肿）犬的高雌激素血症 ▶ 接触人用透皮凝胶导致雌二醇增多引起的高雌激素血症 ▶ 甲状腺机能减退症
自损[1]	▶ 寄生虫引起的瘙痒症（姬螯螨、虱子、疥螨） ▶ 过敏引起的瘙痒症 　▶ 过敏性皮炎、食物过敏 　▶ 昆虫叮咬过敏 　▶ 接触性过敏
感染[2]	▶ 蠕形螨病 ▶ 皮肤癣菌病 ▶ 利什曼原虫病
免疫介导[3] 营养因素	▶ 全身性脱毛 ▶ 皮脂腺炎 ▶ 皮肌炎

注：1瘙痒病例的自损性脱毛可以治疗。2炎症过程参与了相关的发病机制。3包含与此分类中列出的几个原因相对应的特征。

43

框4-3　非内分泌性疾病导致的成年动物脱毛

类　别	因　素
毛囊发育不良 （毛囊结构缺陷）	▶ 毛囊破坏：瘢痕性脱毛（疤痂） ▶ 和毛发颜色相关的毛囊发育不良 ① 浅色毛发的毛囊发育不良引起的脱毛 ② 深色毛发（黑色和棕色）的毛囊发育不良引起的脱毛 ③ 黑色和褐色杜宾犬的毛囊发育不良引起的脱毛 ④ 红褐色罗威纳犬的毛囊脂质沉积 ⑤ 与约克夏㹴黑皮病相关的脱毛 ▶ 和毛发颜色无关的毛囊发育不良 ① 毛囊发育停止的X型脱毛 ② 复发性脱毛 ③ 与特定品种相关的毛囊发育不良 ▶ 毛囊萎缩型脱毛 ① 耳部脱毛 ② 鼻梁脱毛 ③ 腹部脱毛
毛干结构缺陷	▶ 针状体毛发增多症 ▶ 毛发扭转捻转症 ▶ 结节性脆毛症 ▶ 裂毛症（毛发纵裂症） ▶ 髓芯毛发软化
毛发生长周期异常	▶ 周期性或复发性脱毛 ▶ 剃毛后脱毛 ▶ 毛囊发育停止的X型脱毛 ▶ 生长期脱毛 ▶ 终止期脱毛 ▶ 过度脱毛
血管性脱毛	▶ 血管炎 ▶ 缺血性皮肤病 ① 柯利犬家族性皮肤病 ② 某些品种幼年期缺血性皮肤病 ③ 成年犬缺血性皮肤病 ④ 继发于狂犬病疫苗接种的缺血性皮肤病 ⑤ 德国牧羊犬的家族性皮肤血管病

框4-4　全身对称性脱毛的临床表现和易感品种

临床表现	易感品种
双侧周期性或复发性脱毛	㹴犬、古代牧羊犬、法兰德斯牧牛犬、法国斗牛犬、英国斗牛犬（图4-7）、波尔多犬（图4-8）、金毛猎犬、拉布拉多犬
腹部脱毛	波士顿㹴、吉娃娃犬、格雷伊猎犬、迷你杜宾犬、腊肠犬、惠比特犬
耳部脱毛	吉娃娃犬、格雷伊猎犬（图4-9）、迷你杜宾犬、腊肠犬（图4-10）
皮脂腺炎	秋田犬、贵宾犬、比利时牧羊犬、边境牧羊犬、松狮犬、史宾格犬、德国牧羊犬、萨摩耶犬
X型脱毛或毛囊发育停止	阿拉斯加雪橇犬（图4-11）、迷你贵宾犬、松狮犬、西伯利亚哈士奇（图4-12）、荷兰毛狮犬、博美犬（图4-13）、萨摩耶犬

（续）

临床表现	易感品种
浅色毛的毛囊发育不良	牛头㹴、贵宾犬、吉娃娃犬、松狮犬、杜宾犬、格雷伊猎犬、大丹犬、明斯特兰犬、伯恩山犬、苏格兰牧羊犬、迷你杜宾犬（图4-14）、萨路基猎犬、西帕基犬、丝毛㹴、斯坦福郡斗牛㹴、腊肠犬、纽芬兰犬、惠比特犬、约克夏㹴
黑毛发育不良	巴吉度犬、比格犬、古代牧羊犬、边境牧羊犬、美国可卡犬、杰克罗素㹴和约克夏㹴(图4-15和图4-16)。
特定品种的毛囊发育不良	万能㹴、拳师犬、法国牛头犬、英国牛头犬、杜宾犬、灰猎犬、金毛寻回犬、刚毛指示格里芬犬、西伯利亚哈士奇、阿拉斯加雪橇犬、曼彻斯特犬、葡萄牙水犬(图4-17)、爱尔兰水猎犬、迷你杜宾犬、斯坦福郡斗牛㹴、㹴犬
肾上腺皮质机能亢进	最常见的是小型犬，如马尔济斯犬(图4-18)、贵宾犬、腊肠犬和㹴犬
甲状腺机能减退	在中型到大型犬种中更为常见，如拉布拉多犬(图4-19)
先天性稀毛症	巴吉度犬、比格犬、马尔济斯、法国斗牛犬、贵宾犬、吉娃娃犬及其杂交犬、美国可卡犬、拉布拉多犬、拉萨狮子犬、德国牧羊犬、比利时牧羊犬、罗威纳犬、惠比特犬和约克夏㹴
毛囊脂肪沉积症	拉萨犬(红褐色毛)和无毛犬、中国冠毛犬(图4-20)、墨西哥无毛犬(图4-21)、秘鲁无毛犬

引自Paradis，2012。

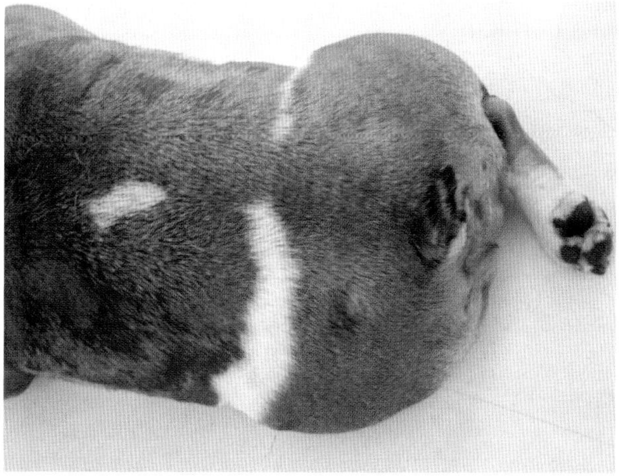

图4-7　英国斗牛犬周期性脱毛，背部毛发减少和色素过度沉着

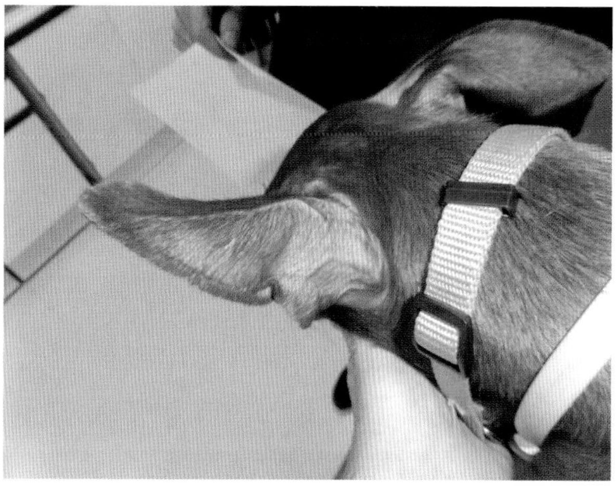

图4-9　格雷伊猎犬耳部脱毛

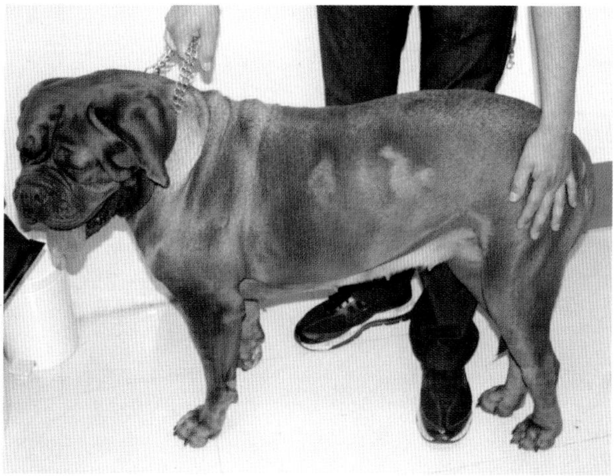

图4-8　波尔多犬周期性无色素沉着的脱毛

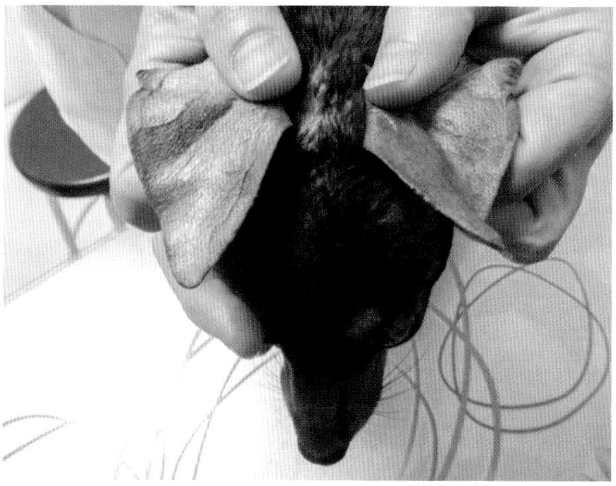

图4-10　腊肠犬耳部脱毛

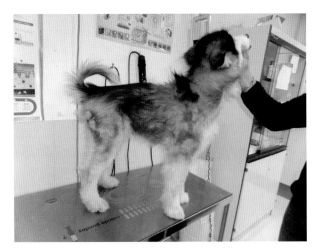

图4-11　阿拉斯加雪橇犬的X型脱毛和色素过度沉着

图4-12　颈部的X型脱毛和色素过度沉着

图4-13　5岁博美犬的X型脱毛

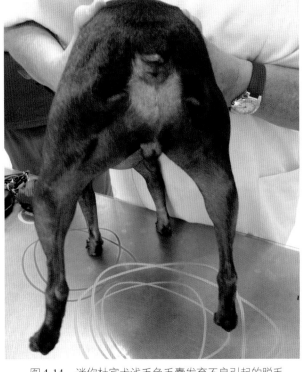

图4-14　迷你杜宾犬浅毛色毛囊发育不良引起的脱毛

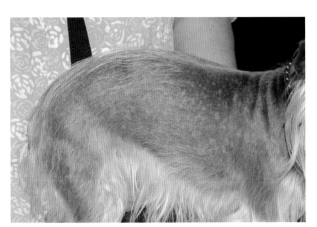

图4-15　约克夏㹴浅毛色毛囊发育不良

图4-16　约克夏㹴黑毛色毛囊发育不良引起的脱毛

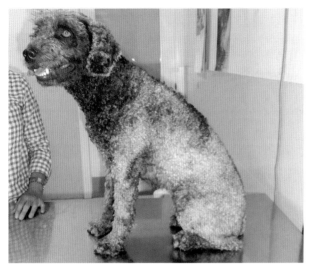

图4-17　葡萄牙水犬的毛囊发育不良

图4-18　马尔济斯犬肾上腺皮质机能亢进引起脱毛和色素过度沉着

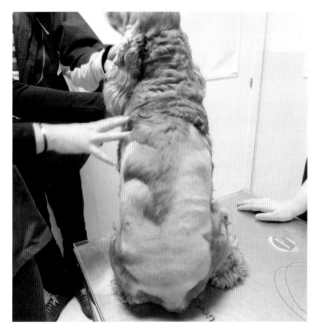

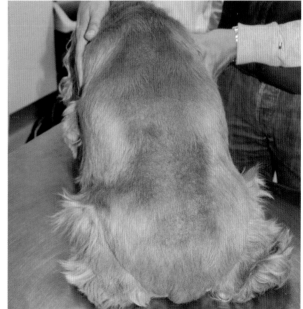

图4-19　甲状腺机能减退引起的全身性对称性脱毛

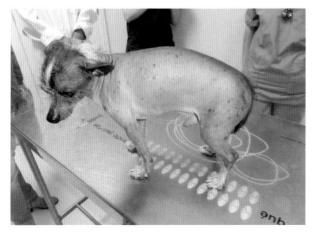

图4-20　无毛品种：中国冠毛犬

图4-21　无毛品种：墨西哥无毛犬

诊断程序

为了确定一例全身性对称性脱毛的原因，我们开始分析病患特征和病史信息，并进行全身检查和皮肤病学检查，接下来是一系列的实验室检测，共有八个步骤。

病史分析

在全身性的对称性脱毛病例中，犬的这些基本信息需要考虑：年龄、性别、品种、体重和体态。接着分析既往病史以便回答以下所有问题：

▶犬开始脱毛的年龄是多大？

▶犬的亲属或者兄妹是否受影响？

▶其他动物或者人类是否受影响？

▶犬脱毛部位是否有瘙痒？

▶哪个部位是最先被观察到脱毛的？

▶脱毛扩展到了什么程度？

▶脱毛是否有过恶化但又情况改善，或是从一开始就持续恶化？

▶脱毛的严重程度是否因季节而改变？

▶是否有以前患病或全身性疾病症状的任何资料？

▶犬近期是否有失血、经历手术或是怀孕？

▶犬近期是否有注射疫苗？

▶犬是否正在接受常规性或周期性治疗？

▶犬在最近几周内用过什么药物？

▶这个区域的媒介性疾病是否得到良好的控制？

以下为影响此型皮肤病的主要因素：

年龄

已知与全身性对称性脱毛有关的几个病理过程具有特征性的发病年龄，如从出生起或出生几周内表现脱毛被认为是先天性的，毛囊发育异常在6月龄左右开始显现，蠕形螨病在1岁左右表现明显（图4-22），毛囊发育停止（X型脱毛）和周期性脱毛出现在2～4岁，然后逐渐变得严重。内分泌性脱毛的年龄，如甲状腺机能减退（HT）发生于5岁，肾上腺皮质机能亢进（HAC）于8岁或9岁时发展，而性激素失衡往往从10岁时出现（图4-23）。由于脱毛或缺血性血管病引起的血管

炎（图4-24）可在任何年龄开始，取决于一些潜在原因如自体免疫反应、药物、疫苗、继发性感染或血液寄生虫病（如巴贝斯虫病）。一般来说，内分泌性脱毛首次出现在成年或老年犬（除脑下垂体性侏儒症或先天性病变），而非内分泌性脱毛往往发生在小于4岁的犬，尤其在几周龄或几月龄时发生。

> 无论如何，清楚地确认开始脱毛的年龄，并确定脱毛是否由生理性（怀孕、哺乳）、病理性（术后休克）、管理或治疗上的改变所引起，非常重要。

品种和毛色

很多病程具有品种特异性，因为毛皮特征或基因组成倾向于某种脱毛情形，因此品种在一开始就能够显著地指明诊断方向。

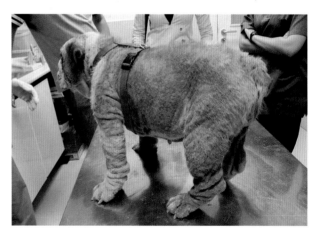

图4-22　一只9月龄英国斗牛犬因蠕形螨病而表现对称性脱毛

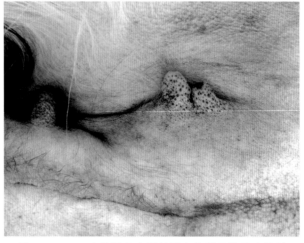

图4-23　一只高雌激素水平的母犬有明显的黑头粉刺

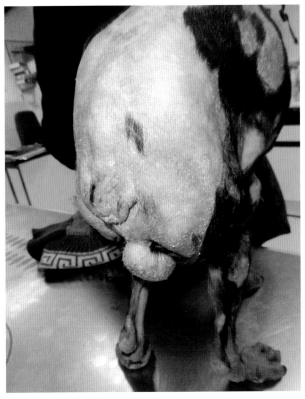

图4-24 血管病变引起的全身性对称性脱毛

▶ 杜宾犬和罗威纳犬：在一个特定品种中，受影响的毛发颜色是决定性因素。一般来说，脱毛的最常见原因会影响各种毛发类型。但是，有些病程只影响特定品种、特殊颜色的毛发。因此，仔细评估毛发颜色非常重要（有些变浅的毛发不明显），如蓝毛杜宾犬的毛色变浅性脱毛和罗威纳犬的黑毛毛囊发育不良及毛囊脂质沉积症（仅影响红褐色毛发）。

▶ 北欧品种或被毛含有大量次生毛的品种：这些品种的毛发生长周期较其他品种长，剃毛后的毛发生长会停滞或迟缓（需6个月或12个月，甚至24个月），是因为皮肤温度改变导致了脱毛部位的血管灌流发生改变。在其他品种中，类似的毛发生长停滞或减慢，怀疑是HT、HAC或X型脱毛的原因。

生殖系统紊乱

全身对称性脱毛可能伴随性改变。这些变化可能直接引起脱毛，或者构成具有共同病因和两种表现的临床症状。

▶ 雌性无发情周期（发情延长）：因为性腺或内分泌异常，如HT或HAC。

▶ 雄性有雌性化特征（吸引其他雄性、阴茎

下垂、乳腺发育）：显示高雌激素症（HE）。

▶ 第二性征异常：是由于生殖激素、甲状腺素、肾上腺素的失调（图4-25至图4-28）。在超过10岁的患犬中，雌性犬外阴变大而无其他症状，或雄性犬包皮和乳腺变大，同时沿阴茎包皮出现一条红斑线（图4-26），这些都强烈指向HE（由支持细胞瘤或卵巢囊肿或肿瘤引起）。在雄性的HE中，最明显的全身症状是骨髓再生障碍和前列腺鳞状化生，这两个特征可显著地促进诊断。

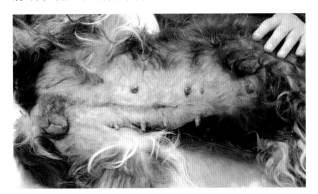

图4-25 一只11岁母犬患高雌激素症，其外阴和乳腺肥大及弥漫性色素沉积

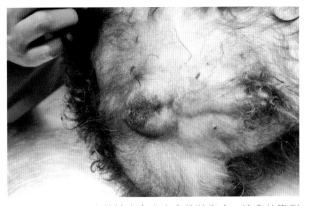

图4-26 一只10岁雄性贵宾犬患高雌激素症，注意其腹侧脱毛和睾丸外观

图4-27 患甲状腺机能减退症的可卡犬，注意其面部浮肿，看似表情悲伤

49

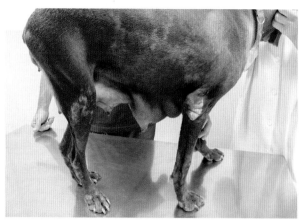

图4-28　一只哺乳期母犬在毛发终止期散发出异味

其他全身异常

临床表现多饮、多尿、多食，是肾上腺皮质机能亢进（HAC）的诊断依据。另一方面，"冷漠""悲伤"的面部表情以及浮肿、心动过缓（图4-27）可提示甲状腺机能低下（HT）。

应激或焦虑状况

可能会导致毛囊停止生长，所有毛发突然脱落，这一过程称为终止期脱毛。通常发生在妊娠后、哺乳（图4-28）、严重的疾病、发热、术后休克或是动物在之前1～3个月内受到应激。强迫行为的发展会造成自我损伤以及特定部位的脱毛，如后肢或是前肢。

生活方式

生活在乡村或开放式庭院的犬，因为可接触到不受控制的其他犬和猫，被皮肤癣菌感染或被传播莱姆氏病（图4-29）、巴贝斯虫病和立克次体病的昆虫叮咬的风险很大。生活在地中海盆地的犬更容易感染利什曼病，而生活在北纬45°以上（比利时、荷兰、英国、斯堪的纳维亚以及加拿大）的犬更容易出现复发性或周期性体侧脱毛，

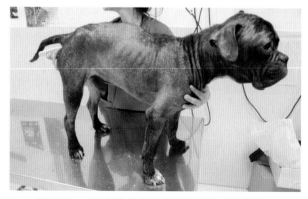

图4-29　一只利什曼病患犬的全身性对称性脱毛

是因为光周期的变化更大。成群遛狗会促进皮肤癣菌或体外寄生虫的扩散，由于造成瘙痒而引起自损性脱毛。如果某特定部位被反复侵害，最终会造成炎症性瘢痕性脱毛，这在约克夏犬的头顶脱毛很常见。

宠物或人类出现的病变

如同局部或多灶性脱毛型一样，与犬同住的人或其他宠物出现病变时，应当研究皮肤癣菌是否是感染原因。

受脱毛影响的部位

某些类型的脱毛所影响的区域界限清晰，如耳郭（块状脱毛）、头面部（斑秃）、躯干内/外侧（周期性脱毛）或由某种毛色构成的被毛区。

瘙痒

脱毛且有瘙痒表现，需要仔细分析。认真地询问主人，尽可能准确地确定患犬有无抓挠？如果有，这种行为开始于脱毛前还是脱毛后？如果抓挠先于脱毛，则很可能脱毛是抓挠的结果，因此诊断方案应指向确定瘙痒的原因（参见第8章）。如果是在脱毛过程中发生瘙痒（即脱毛期间或之后），则认为瘙痒是继发于脱毛后炎性病变的结果，如HT或HAC引起脱毛并发细菌感染、全身性蠕形螨病和毛囊发育不良。瘙痒也可能继发于皮肤癣菌病中出现的过敏反应。

季节性缓解和发展

脱毛在春季和夏季自发性缓解后，到了秋季和冬季又出现脱毛，通常指向复发性侧面脱毛。自发性缓解也发生在生长期脱毛、终止期脱毛和非继发于内分泌疾病的剃毛后脱毛的病例。白毛的自发性再生也能在葡萄牙水犬的脱毛病例和斑秃病例中观察到。应激性脱毛是突然发展的，2～3个月后开始弥散性生长，不需要治疗便恢复到正常水平。毛囊发育异常是逐渐发展的，然而，在有争议的受基因缺陷影响的毛发脱落后，发育不良问题清楚了，脱毛原因也就明确了。

内分泌性脱毛会持续地发展，最终影响到全部被毛，除非激素失衡得到解决。虽然与HAC相关的临床症状可能在严重程度上有所不同，但是相应的脱毛不会自发地改善。同样，与炎症过程相关的脱毛也呈不断发展的趋势，无间歇性缓解。

疫苗接种

在前几周或是前几个月接种疫苗，可能导致接种后的血管病变而引起脱毛。

对先前治疗的反应

在脱毛患犬到达诊所接受皮肤病治疗之前，它们已经接受过全身抗生素、皮质类固醇、抗真菌药、抗寄生虫药的治疗。分析患犬对这些化合物的反应，能够为诊断提供相关的信息。例如，过度使用皮质类固醇促进医源性库兴氏综合征（HAC）的发展，导致蠕形螨或真菌引起的脱毛情况恶化或扩散。皮下注射皮质类固醇或者孕激素，通常引起医源性脱毛和皮肤萎缩。雌激素和细胞毒性药物，如环磷酰胺或多柔比星，会干扰毛发生长周期，可引起弥漫性全身脱毛、毛发稀少或全身无毛。

全身检查

我们将首先寻找全身性临床体征，如多饮、多尿、腹部下垂、面部肿胀和生殖器异常（如包皮下垂、外阴肿胀、雄性乳房发育或乳腺过大、包皮红斑线、睾丸不对称、单睾或隐睾症），如果有这些异常，应该进行专门检测以查明是否存在内分泌疾病。

皮肤病学检查

在进行全身检查后，应当仔细地检查脱毛区域，并在检查图上标明位置，以便得到脱毛分布区域的清晰概况，标明是否为对称性、全身性、局部性或弥漫性的，以及是否伴有其他病变。

首先要评估的是皮褶厚度，这个参数的增加伴随色素沉着，表明是HT；而参数降低伴有色素沉着，表明是HAC和HE。钙沿真皮胶原纤维沉积（钙质沉着）是自发性和医源性HAC的特征，应予以注意。

> 脱毛伴随的最常见病变包括红斑、丘疹脓疱和表皮环、毛囊管型、鳞屑、黑头粉刺及色素改变。

全身非对称性脱毛的常见病变

红斑：这是过敏性皮炎最常见的症状。对患有这种症状的犬应该评估有无瘙痒，因为瘙痒表明过敏的可能性很高。红斑也是全身性蠕形螨病的典型表现。

散在的丘疹脓疱和表皮环（图4-30）：这些提示浅表性细菌性并发症，在HT、HAC和毛囊发育不良时非常多见。

毛囊管型和鳞屑：在伴有角化障碍（如皮脂腺炎）的任何脱毛病例中都有可能出现这种情况（图4-31）。

黑头粉刺（图4-32）：这些病变通常在疾病后期伴随内分泌性脱毛，也有可能与蠕形螨和毛囊发育不良有关。

皮肤颜色改变：色素过度沉着通常在周期性脱毛和X型脱毛的患犬脱毛部位可以观察到，也能在伴有苔藓样变（图4-33）的皮肤慢性炎症中和内分泌疾病发展过程中观察到。毛囊发育不良的特征是与脱毛同时发展的弥漫性色素过度沉着（图4-34），对比之下，伴随结痂的脱毛与色素脱失有关。

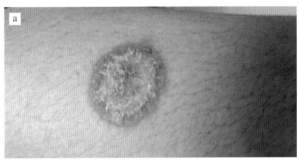

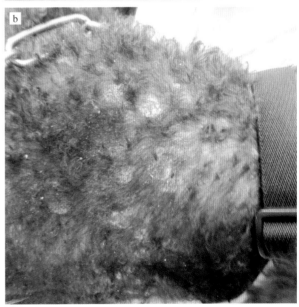

图4-30　a.受感染的犬主出现的丘疹脓疱性皮损
　　　　b.甲状腺机能减退症患犬颈背部的表皮环

图4-31　一只金毛寻回犬的皮脂腺炎：躯干背侧对称性脱毛

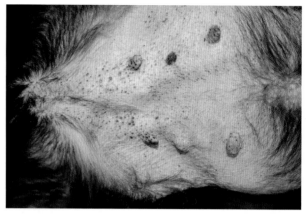

图4-32　一只高雌激素症患犬出现的大量黑头粉刺

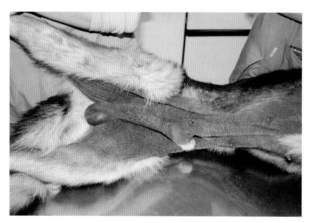

图4-33　慢性过敏性炎症过程中的苔藓化和色素过度沉着

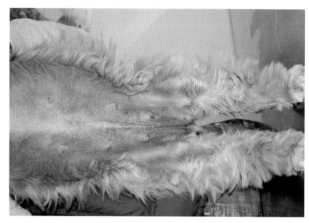

图4-34　一只甲状腺机能减退症患犬胸腹下脱毛和弥漫性色素沉着

毛发颜色和外观改变：在特定品种中，脱毛会影响浅色毛或黑毛区域（参见"毛囊发育不良"）。在先前有色毛发生长的脱毛区域，如果有白毛再生，表明为斑秃。纤细和短小毛发的存在，表明是典型的脱毛。毛色变为棕色，尤其是在白毛犬身上，提示舔舐了这个部位。

诊断方案

导致全身性脱毛的原因很多。为了确定病因，有必要仔细考虑病史分析中收集到的所有信息，以及常规体检和皮肤病学检查的结果。全身性对称性脱毛的临床诊断方法包含以下步骤：

步骤1　分析患犬的基本特征

根据患犬的特征，我们可以确定或排除某些明显的引起脱毛的原因（如先天性脱毛症、垂体性侏儒症、睾丸肿瘤、周期性脱毛、营养不良）。

步骤2　确定或排除蠕形螨病

无论犬的年龄多大，至少要对五处脱毛区进行皮肤深刮和毛发镜检，以确定是否有蠕形螨病。毛发镜检应该是对所有脱毛病例的常规检查（图4-35）。

毛发镜检不仅可以诊断（或排除）蠕形螨病，也可以用以检查毛囊从根部到顶端的结构，并确认与其他毛囊发育不良相关的任何异常（图4-35 c-l）。

出现特有的终止期毛发（高尔夫球杆状毛球）可能是内分泌失调的表现。观察毛干的异常结构（扭曲、卷曲的毛发）也很重要，这是毛囊发育不良和色素异常沉着的特征（毛干中黑色素大量沉积、发育不良的毛发变浅脱落或黑色毛毛囊发育不良）。最后，毛发尖部的损坏提示着搔痒或自损行为。

步骤3　确定或排除皮肤癣菌病

第3步是确定或排除潜在的皮肤癣菌病。一旦蠕形螨病被排除，上述提及的毛发镜检图像应当用于分析皮肤癣菌孢子和菌丝侵袭毛发皮质和髓质的迹象（图4-35b），并且在DTM和/或沙堡弱培养基中培养（图4-36），这样就可以分离和

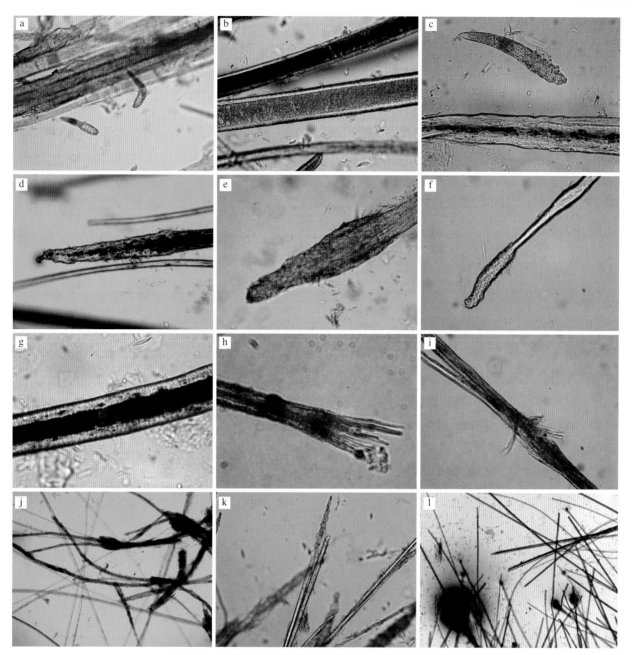

图4-35　毛发图片显示不同类型的全身对称性脱毛的毛囊

　　a.显示了蠕形螨病中的蠕形螨　b.被癣菌孢子侵蚀的毛干　c.蠕形螨和浅色毛发发育不良　d.沉积了黑色素的终止期毛根　e.浅色毛脱落病例的终止期毛根　f.皮脂腺炎病例中的毛囊管型　g.和毛色相关的毛囊发育不良的毛干　h.斑秃病例中类似感叹号的毛干　i.结节性三分裂的脆弱毛干　j.毛囊性脱毛病例中次生毛发育不良　k.终止期脱毛的毛根 l.自损引起对称性脱毛的毛梢

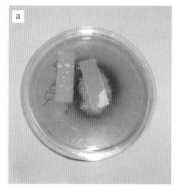
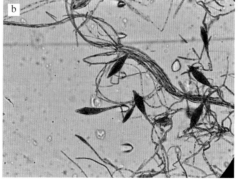

图4-36　a.阳性生长状态的DTM培养
基　b.苯胺蓝染色的犬小孢
子菌大分生孢子

鉴定涉及的病原种属。对犬很少使用伍德氏灯，因其敏感性和特异性较差。

> 在约克夏㹴的躯干脱毛中，检测皮肤癣菌是否存在尤其重要。

步骤4 确定或排除细菌性毛囊炎

对所有的脱毛病例检测是否存在细菌性毛囊炎很重要，这可能是脱毛的并发症或主要原因。

> 为确认或排除细菌性毛囊炎（图4-37），应当使用胶带贴和Diff-Quik染色法进行体表细胞学检查。

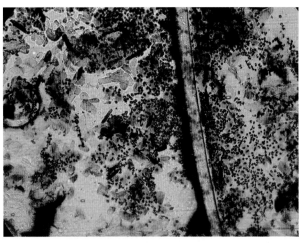

图4-37 体表细胞学显示大量的脱落细胞、中性粒细胞和细菌

步骤5 确认或排除利什曼病

在排除了脱毛的主要炎症病因（蠕形螨病、皮肤癣菌病和细菌性毛囊炎）后，最好排除利什曼病，特别是犬生活在流行病区或有非瘙痒性鳞片状病变。我们优先采用的方法是定量酶联免疫吸附法（ELISA）结合蛋白分析进行血清学检测（图4-38）。根据我们的经验，实时PCR技术不能提供患犬临床病况的明确信息。

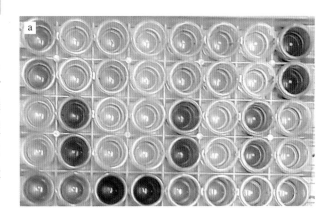

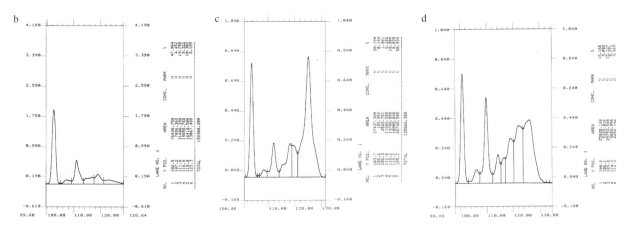

图4-38 图片由Sergio Villanueva提供

a.一块ELISA检测板，几幅蛋白质组分图分别显示 b.正常情况 c.单克隆丙种球蛋白 d.两只婴儿利什曼原虫阳性犬的多克隆丙种球蛋白

步骤6 开始脱毛的年龄

在诊断过程中，有必要考虑患犬发生脱毛是在老年期（很可能是内分泌问题）还是在2～4岁前（非内分泌性脱毛）。非内分泌性脱毛的最初症状出现在特定品种的早期，最初可能为多灶性分布，可能提示毛囊发育受到影响。相比之下，内分泌性脱毛会影响5岁以上的犬，主要是对躯干的影响，并且通常伴有其他系统的临床症状（框4-5）。

框4-5　内分泌性脱毛和非内分泌性脱毛的区别

指标	内分泌性	非内分泌性
发病年龄	大于 5 岁	小于 5 岁 (大多数情况下)
皮肤瘙痒	最初无瘙痒	最初有瘙痒
初始状态	躯干弥散性脱毛	多病灶脱毛
色素沉着	在发病过程中出现	发病初期出现
病变位置	躯干	躯干、头部、四肢
过程	进行性	可变性

5 岁及以上

如果发病年龄超过 5 岁,诊断应以内分泌原因为导向。在老年犬中,内分泌原因的可能性很高,应当进行尿液分析、生化分析和血液分析。

应分析的参数包括碱性磷酸酶和葡萄糖(HAC升高)或胆固醇(许多甲状腺机能减退的动物升高)。也可以检测甲状腺激素(cTSH、tT4、fT4)和ACTH给药前、后的皮质醇水平,或者使用超声波检查肾上腺和性腺。如果怀疑病因为卵巢肿瘤或卵巢囊肿(HE),不建议检测17-β-雌二醇水平。相反,应该进行阴道细胞学检查(具有更高的诊断价值),并且应该基于鳞状上皮细胞百分比,评估患犬的激素状态(图4-39)。在雄性患犬中,由支持细胞瘤引起的HE应该通过包皮细胞学分析。

旁基细胞
(非角质化)　　中间细胞
(非角质化)　　表层细胞
(角质化)

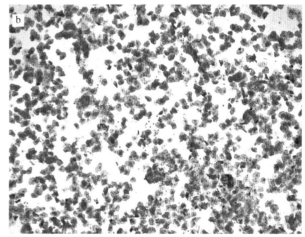

图 4-39　犬阴道细胞学检查可见的细胞类型 (图片由 Mariví Falceto 提供)

a.细胞形态图　b.一只高雌激素症患犬的阴道细胞镜检图像,其中角质化的浅表上皮细胞比例很高,许多细胞无核

> **对于高雌激素症病例,无论进行雌二醇还是基础孕酮(雄性或雌性)定量分析,都没有任何诊断价值。**

对于X型脱毛,在ACTH刺激前后测定孕酮或17-羟基孕酮水平,对诊断没有任何帮助。诊断应基于病史、品种和活组织检查结果。

5 岁以下

在没有全身症状的青年犬或年轻成年犬的脱毛病例中,随着病程发展,有时会出现多灶性脱毛,此时需要进行毛发镜检,分析毛根和毛干的色素变化可提示毛囊发育不良。皮肤活组织检查也应当进行,因为大多数病因(一旦排除蠕形螨病、皮肤癣菌病和利什曼病后)需要进行皮肤活检确认。

步骤 7　皮肤活检

周期性脱毛、各型脱毛和与毛色相关的毛囊发育不良,以及某些品种典型的毛囊发育不良,可以通过病史和临床检查所获得的信息进行诊断。然而,皮肤活检能提供病理学方面的发现,有助于建立准确的诊断。

皮肤活检可以对脱毛进行分类，是通过对毛囊（生长期、终止期和脱落期）异味和脱毛状态下的活性、毛囊发育不良的形态外观（异常的发育形式）、与毛色相关的毛囊发育不良的色素系统状态（毛球色素的异常沉积和色素异常分布）和毛囊角化的改变（X型脱毛病例的毛根鞘角化和复发性侧秃病例的初级和次级毛囊的正角化性过度角化）进行评估（图4-40）。活检还可以分析皮肤中渗透物的分布和类型，提示各种皮肤病的诊断方向，如趋上皮性淋巴瘤、广泛性斑秃、注射疫苗后脱毛、皮肌炎、血管病变或肉芽肿性皮脂腺炎。

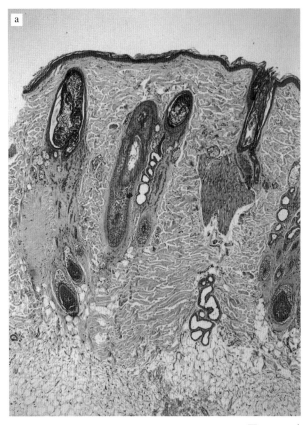

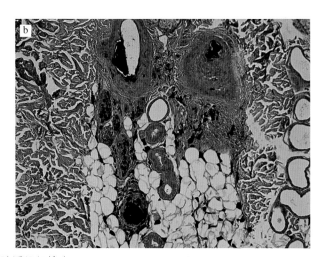

图4-40　皮肤活组织检查

a.一只X型脱毛犬伴过多毛根鞘角蛋白的营养不良性毛囊　b.一只与毛色相关的毛囊营养不良犬的毛球中有巨黑色素体异常沉积

PART 5

第5章

鳞屑／结痂和皮脂溢型

简 介

鳞屑/结痂和皮脂溢型的特征是存在不同大小和颜色的鳞屑，这些鳞屑可以广泛存在（图5-1），也可以局限于一个特定的区域里（图5-2）。

与此型相关的病变，除了鳞屑外，还有结痂、黑头粉刺和毛囊管型。也能看到油脂分泌过多，使毛发油腻而难闻。

对应于此型的脱屑过程，通常被称为皮脂溢。皮脂溢这个术语经常用在兽医学中，以描述不同类型的角化改变。皮脂溢分为以下几种类型：

▶ 干性皮脂溢，包括过度脱落的鳞屑和干枯的毛发（图5-3）。

▶ 油性皮脂溢，以细小的鳞屑和油性毛发为特征（图5-4）。

▶ 脂溢性皮炎，特征是鳞屑细小、毛发油腻、皮肤有炎症反应（图5-5）。

角质化过程中的任一阶段出现问题，都会出现鳞屑或皮脂溢。

角质化过程包括一系列的形态改变和代谢机制，这些形态改变和代谢机制受基因控制，并受到许多内外因素的严格调控（参考第2章）。

皮肤的主要特征之一是由一层层的角化上皮细胞组成，和其他上皮细胞一样，处于不断更新或更替的状态。在犬，这一过程通常需要22～28d，由基底层的干细胞开始，结束于角质层中同类细胞的角化。尽管存在持续性的再生，但在正常情况下，表皮通过不断脱落坏死细胞来维持正常的厚度，尽管这一过程并不是很明显。

构成表皮的大部分细胞是角质细胞，它们被分成5层，并根据其位置和相应的结构特征来命名。

▶ 基底层：由增殖的基底细胞组成，是唯一进行有丝分裂的细胞，它们附着在皮肤的基底膜上，从这里迁移到皮肤上层。

▶ 棘层：在这一层，基底层的细胞转化为棘细胞。它们的质膜上含有大量的桥粒糖蛋白，这些桥粒糖蛋白是相邻角质细胞结合的锚定点。这些细胞在角质的形成中起着重要的作用。

▶ 颗粒层是角质化过程开始的地方。这一层细胞含有强染色颗粒，颗粒内充满了用于生产角质的透明角蛋白，并含有高浓度的溶酶体酶。

▶ 透明层：非常薄，只存在于某些皮肤区域，如脚垫。这一层的细胞是无核的，其细胞质中含有一种富含脂蛋白的物质（角母蛋白），其关键作用之一是阻止水的进出。

▶ 角质层：由最外层或最末端的细胞组成，它们是完全角质化的扁平薄细胞或鳞状细胞，称为角质细胞，其细胞质实际上是角蛋白。

角质化过程的最后一步是颗粒层和透明层向角质细胞转化。角质细胞类似于一个六角形薄片，在这里，细胞膜已经被附着在纵向排列的脂质分子上的致密蛋白包膜所取代。此外，它们的细胞质是由丝状蛋白和角蛋白纤维组成的疏水性团块构成，它们之间由二硫键连接，聚集形成一个不可渗透的角质化包膜。因此，角质化过程包括细胞间富含脂质的基质的形成，该

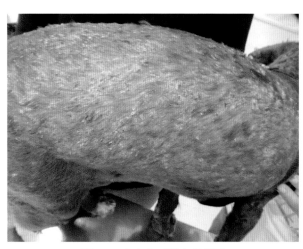

图5-1 全身大面积出现鳞屑

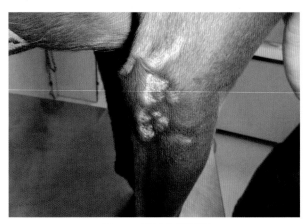

图5-2 局部出现鳞屑

脂质基质具有几个重要功能，如作为非渗透性屏障、调节鳞屑生成以及发挥抗菌活性。这种结构能负责维持表皮的水合作用，而水合能力受到脂溢性过程的影响。

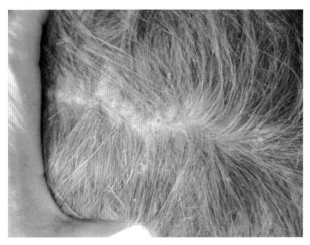

图 5-3　干性皮脂溢

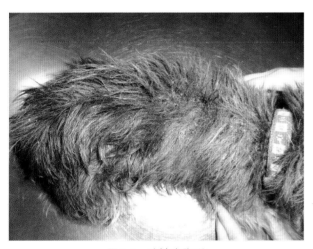

图 5-4　油性皮脂溢

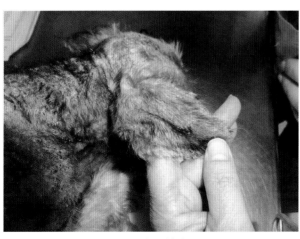

图 5-5　脂溢性皮炎

病　因

当角化过程发生改变时，角质层中的细胞数量开始增加，导致皮肤表面出现鳞屑。鳞屑和皮脂溢的特征是已经转化为鳞屑的角质细胞异常堆积，而这些鳞屑的大小可能并不一致。

一般来说，鳞屑是无核细胞的沉积，但是如果角质细胞的转化速度加快，它们仍然可以保留细胞核，这会导致出现一种角化不全的鳞屑（参看第 2 章）。这些角化不全的细胞累积后形成较大的鳞屑，因为它们与鱼鳞相似，所以这些类型的鳞屑形成过程又被称为鱼鳞样病变。

以下角化机制的改变可导致表现鳞屑/结痂和皮脂溢类型的鳞屑性皮肤病：

▶ 鳞屑脱落机制的改变
▶ 调节细胞内聚力的结构改变
▶ 表皮的渗透过程改变
▶ 角质细胞增殖加快
▶ 角质细胞分化的改变
▶ 角质层脂质膜组成的改变

角质化缺陷，可以是先天性的，也可以是后天形成的。

┃原发性角质化改变

原发性角质化的改变（框 5-1），也称原发性皮脂溢，其特征如下：

▶ 遗传病，与确定的品种相关，大多数呈常染色体隐性遗传方式（即父母表现都正常）。

▶ 早期临床症状会在幼年期的几个月内或 1 岁前就表现出来（图 5-6）。

▶ 疾病过程以油性物分泌过多和过多的鳞屑脱落为特征。

▶ 角质化过程或角化存在缺陷，或皮脂腺分泌异常。

▶ 运用了皮肤病诊断流程后，没有发现其他病因。

图5-6 一只4月龄金毛犬腹部出现的鳞屑

框5-1 先天性鳞屑／结痂和皮脂溢在易感品种上的主要表现形式

疾 病	易感品种
犬粉刺	拳师犬、英国斗牛犬、杜宾犬、大丹犬、德国短毛犬、波音达犬、獒犬、魏玛猎犬
肢端皮炎	斗牛㹴
皮脂腺炎	秋田犬、比格犬、拳师犬、匈牙利维兹拉犬、贵宾犬、松狮犬、柯利犬、拉萨犬、德国牧羊犬、迷你雪纳瑞犬、古牧犬、萨摩耶犬、腊肠犬
银屑病样苔藓性皮炎	史宾格犬
维生素A反应性皮炎	小西班牙犬、拉布拉多犬、迷你雪纳瑞犬
皮脂腺发育不良	比格犬、博德猎狐犬、贵宾犬、可卡犬、迷你雪纳瑞犬、腊肠犬
家族性脚垫过度角化	波尔多犬、金毛寻回犬、克里蓝犬、拉布拉多犬、爱尔兰赛特犬
过度鼻角化	巴吉度犬、比格犬、波士顿㹴犬、可卡犬
表皮松解性鱼鳞病	拉布拉多犬、诺福克㹴、罗德西亚脊背犬
非表皮松解性鱼鳞病	波士顿㹴、凯恩㹴、柯利犬、杜宾犬、金毛猎犬、杰克罗素㹴、拉布拉多犬、比特犬、爱尔兰赛特犬、西高地白㹴、约克夏㹴
剥脱性皮肤红斑狼疮	德国短毛犬
先天性毛囊角化不全	哈士奇犬、拉布拉多犬、罗威纳犬
鼻角化不全	拉布拉多犬
干性角膜结膜炎和鱼鳞病	查理王猎犬
耳郭边缘型皮脂溢	巴塞特猎犬、比格犬、腊肠犬和其他耷拉着耳朵的品种
原发性特发性皮脂溢	巴塞特猎犬、骑士查理王猎犬、可卡犬、杜宾犬、拉布拉多犬、德国牧羊犬、爱尔兰赛特犬、迷你雪纳瑞犬、中国沙皮犬、史宾格犬
雪纳瑞粉刺综合征	迷你雪纳瑞犬
I型锌反应性皮肤病综合征	哈士奇犬、阿拉斯加雪橇犬、萨摩耶犬
II型锌反应性皮肤病综合征	快速生长的大型犬

引自Campbell, 2012。

大多数疾病都是以常染色体隐性遗传形式从表型正常的父母那里遗传的。对许多病例，都可以进行基因检测。

继发性角质化改变

继发性皮脂溢是皮肤表面或毛囊的上皮细胞受到内在或外在因素的侵害后，出现增殖、分化或脱落的结果。然而，引起皮脂溢的机制尚不明确。

相比之下，在临床观察到的鳞屑/结痂或皮脂溢大多都是后天形成的，或都是与其他皮肤病相关联的（框5-2）。营养、内分泌、感染和环境因素对角质化的改变十分重要。

▶ 营养因素：维持角质细胞的增殖和分化需要充足、平衡的营养，因为碳水化合物、蛋白质、必需脂肪酸、维生素和矿物质的缺乏、过量或失衡都可能导致皮脂溢。由于犬粮提供了平衡的营养，所以因营养缺乏导致的皮脂溢通常出现在吸收障碍、消化不良或代谢紊乱的犬。

▶ 内分泌因素：激素可以影响细胞增生和皮肤油脂分布，引起继发性皮脂溢。最常见的内分泌疾病是甲状腺机能减退（HT）和肾上腺皮质机能亢进（HAC），无论是自发性的还是医源性的。

▶ 炎症：皮肤炎症的特征是表皮增生，伴随着细胞因子、组胺、二十烷酸类、白三烯或前列腺素的产生和释放，它们增加了基底层DNA的合成，从而促进表皮增生。当炎症轻微时，皮脂溢通常不伴有瘙痒症状。然而，在某些病例中可能会因为炎症而出现强烈的瘙痒，如特应性皮炎（无论是否由食物引发）、过敏性接触性皮炎、皮肤癣菌病、蠕形螨病、姬螯螨病、虱病，偶见于趋上皮性淋巴瘤。

▶ 水合程度：角化过程的改变意味着表皮失水和皮肤水合之间的失衡。表皮损伤或预防失水的屏障功能下降，导致持水和失水的比例，即持水量（WHC）/经皮失水（TEWL）出现失衡。因此，TEWL增加，水合作用减少；TEWL显著增加后，导致皮肤出现鳞屑。易感因素包括湿度降低，用不适当的方式或香波过度洗澡，以及缺乏脂肪酸。另外，皮肤干燥表明皮肤含水量下降，一般下降程度都会大于10%。角质层和层状体中的细胞间脂质（鞘脂、游离类固醇和游离脂肪酸）能收集和预防过量水分流失，也对防止皮肤失水有显著的作用。

皮肤出现老茧/硬结是继发性角质化改变最常见的现象（图5-7）。临床上经常发现这种情况，以过度鳞屑为主，伴随着干枯毛发和毛囊管型的犬，会出现皮肤硬结或老茧（图5-8）。在一些患犬上，皮肤的某些部位可能会表现油腻，并散发出难闻的气味（图5-9）。与角质化改变相关的其他临床表现包括粉刺、脚垫过度角化（图5-10）、耳郭边缘型皮脂溢（图5-11）、外耳炎（图5-12）和尾腺增生（图5-13）。

医生需要对患有皮脂溢或脂溢性皮炎的犬仔细检查，以观察是否出现细菌和酵母菌的过度生长，因为这些微生物分解脂肪的特性会使已经受到影响的皮肤进一步恶化。

马拉色菌属的酵母菌加快了角质细胞的增殖，形成了恶性循环。因此，通过控制这些微生物的过度生长以阻止皮脂溢十分必要。

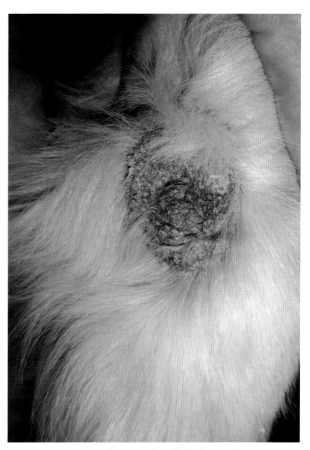

图5-7　肘关节处变硬的皮肤（老茧）

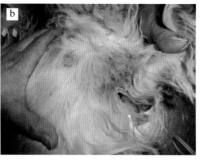
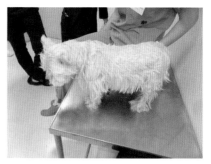

图5-8　a.食物过敏引起脂溢性皮炎的犬身上出现的毛囊管型　b.特应性皮炎
　　　　患犬身上出现的结痂病变

图5-9　特应性皮炎造成的全身广泛性
　　　　皮脂溢现象

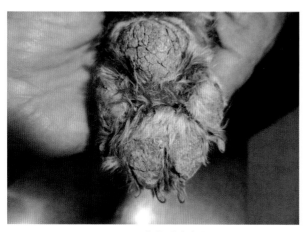
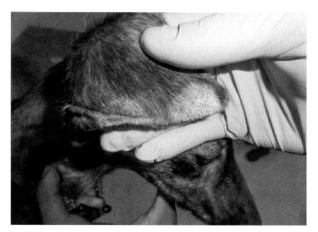

图5-10　脚垫过度角化

图5-11　耳缘部位出现的鳞屑

框5-2　继发性鳞屑/结痂和皮脂溢的主要病因

因　素	表　现
疾病	跳蚤过敏性皮炎（FAD）、特应性皮炎、食物过敏、接触过敏
环境	相对低的湿度、脱脂香波、接触刺激物
代谢紊乱	浅表坏死性皮炎、肝脏疾病、吸收不良和/或消化不良
肿瘤	趋上皮性淋巴瘤、副肿瘤综合征
营养失衡	必需脂肪酸缺乏、蛋白质缺乏、锌缺乏、饮食不平衡
外寄生虫感染	姬螯螨病、蠕形螨病、虱子、跳蚤、耳痒螨、疥螨
内分泌疾病	性激素失衡、糖尿病、肾上腺皮质机能亢进、甲状腺机能减退
自身免疫和免疫介导过程	皮脂腺炎、盘状红斑狼疮、系统性红斑狼疮、落叶型天疱疮、皮肤的药物反应
感染	皮肤癣菌、利什曼原虫、马拉色菌、病毒（犬瘟热）
其他	皮肤硬结/老茧、尾腺增生

诊断程序

为了对鳞屑/结痂和皮脂溢做出明确的诊断，分析患犬的临床病史，进行全身检查很有必要。

在诊断流程开始前，分辨鳞屑/结痂和皮脂溢是原发性的还是继发性的十分重要。

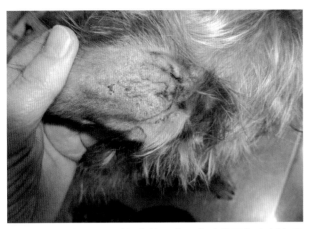

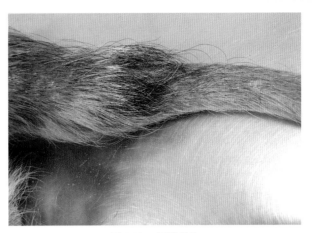

图5-12　因过敏反应引起的外耳炎，伴随着耳郭内侧色素沉着和苔藓化，耳道内也出现了耳垢

图5-13　尾腺增生

病史分析

　　疾病过程中的临床症状、严重程度以及病灶部位取决于病因和患犬的反应。全身性原因（内分泌、代谢问题、肝脏或胃肠道问题、营养失衡）通常表现为不伴有瘙痒的广泛性症状，但随着病情恶化，或因酵母菌或表面细菌过度生长而变得瘙痒。皮脂溢症状通常在面部和足部（尤其在擦伤和趾间部位），以及会阴部更为严重。关于病史的各个方面，详细分析如下：

年龄

　　了解鳞屑/结痂和皮脂溢出现在1岁前还是1岁后十分重要。原发性皮脂溢和与继发性鳞屑、结痂及皮脂溢相关的疾病，如皮肤癣菌病或幼年期发生的全身性蠕形螨病（图5-14），一般小于1

岁或1岁左右出现；伴有鳞屑（图5-15）的特应性皮炎症状，在1～3岁出现；最后，可能伴有鳞屑的甲状腺机能减退和其他内分泌疾病，一般在6～8岁出现（图5-16）。

图5-14　伴有鳞屑的癣菌感染

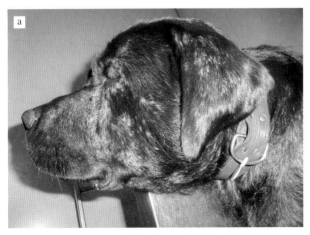

图5-15　a.特应性皮炎患犬面部出现鳞屑　b.全身广泛出现的鳞屑和结痂

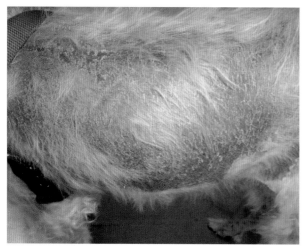

图5-16 该犬患有肾上腺皮质机能亢进，身上出现鳞屑/结痂和皮脂溢现象

品种

某些品种易出现原发性的角化改变。在某些可能与继发性鳞屑相关的疾病上，也能观察到品种易感性的现象，如幼年犬蠕形螨病（图5-17）和特应性皮炎。

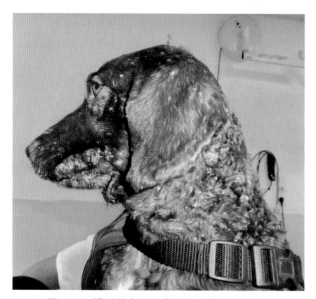

图5-17 蠕形螨病患犬身上出现的鳞屑/结痂

瘙痒

绝大多数继发性皮脂溢的病例，从一开始就能观察到瘙痒的症状（图5-18）。在这种情况下，查找病因应以瘙痒而非瘙痒过程为导向。然而，通常难以判断的是，瘙痒是一开始就出现，或是

其他病因引起其他病变的并发症，如复杂的原发性皮脂溢、皮肤癣菌或蠕形螨感染。但是这种原因导致的瘙痒，一般来说程度要低于过敏和体外寄生虫感染。病因和动物个体的反应，决定了临床症状、严重程度和发病区域。内分泌疾病、代谢问题、肝脏和胃肠道问题、营养失衡等最初并不伴有瘙痒，但如果症状因表面微生物（细菌或酵母菌）的过度生长而变得复杂，则可能会出现瘙痒。过敏性皮炎从一开始就伴有轻重级别不同的瘙痒。

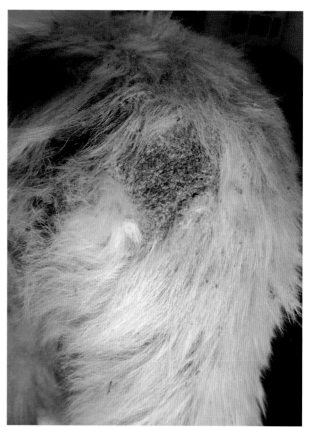

图5-18 过敏性瘙痒性皮炎，伴有鳞屑、苔藓化和色素沉着

季节性

虽然原发性角化缺陷不是季节性的，但继发性缺陷可能会产生季节性的临床症状，如因花粉和蚤咬过敏引起的特应性皮炎。

过敏反应

出现复发性耳炎或耳炎发作、结膜炎、胃肠道病史以及各种各样的瘙痒现象（抓挠、舔舐、啃腿或啃咬身体其他部位），可能提示伴有继发性

鳞屑/结痂和皮脂溢的过敏问题。

全身检查

多尿、多饮、多食、有意寻找凉爽的地方休息可能表明有库兴氏综合征。肌肉无力、肝肿大和腹部下垂的动物也应怀疑为库兴氏综合征。如果病例出现呕吐或腹泻，或对什么都不感兴趣，可能是代谢或内分泌问题，或肝病、肠病、肝皮综合征的迹象（图5-19）。心动过缓、肠病和便秘提示甲状腺机能减退症。如果观察到生化指标变化（如碱性磷酸酶升高、白蛋白降低、贫血、嗜酸性粒细胞增多、尿密度低等），则应考虑内分泌或肾脏疾病。嗜酸性粒细胞增多可能是寄生虫感染或过敏造成的。

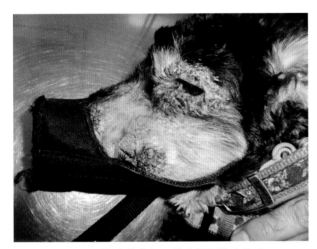

图5-19　肝皮综合征：浅表坏死性皮肤病

皮肤病学检查

应当仔细检查与角质化异常相关的病变（干燥的鳞屑、油腻的毛发和鳞屑毛囊管型、皮肤表面过度角化或苔藓化、油腻的味道或结痂），并注意其位置和分布，然后把这些关键点与皮脂溢表现相关的每个过程的特征进行对比。毛囊管型的存在（图5-20）表明皮脂腺炎（图5-21），那么维生素A反应性皮炎或原发性皮脂腺炎有可能是病因，但也可能与其他毛囊炎症如蠕形螨病有关。

在分析皮肤病变的位置和范围时，应考虑以下因素：

▶ 痤疮一般分布在下颌前部和唇部周围。

▶ 疥螨影响的位置是耳缘（图5-22）、肘部、跗关节和胸腹部。

▶ 鼻指（趾）过度角化影响的部位是口角（图5-23）和脚垫（图5-24）。

▶ 姬螯螨、蠕形螨和癣菌感染的临床症状通常是局部或多灶性，但在某些病例会全身感染。

▶ 鼻角化不全影响鼻平面。

▶ 在雪纳瑞犬的粉刺综合征中，病变范围沿着背中线发展。

▶ 锌反应性皮肤病的病灶位于皮肤黏膜结合部位，但也可能是全身性的（图5-25）。

▶ 跳蚤叮咬过敏性皮炎的特征是在腰部、尾部和后肢后面出现皮屑和痂皮（图5-26）；金毛寻回犬的鱼鳞病影响其胸腹部侧面和腹侧区域（图5-27）。

▶ 过敏性皮肤病虽然有一个全身性过程，通常表现为局部皮脂溢，但某些病例也出现全身性皮脂溢。

▶ 皮脂腺炎通常开始于区域性病理过程，限于面部和躯干背面或侧面，此后可以演变为广泛性。

▶ 全身性原因（内分泌疾病、代谢、肝脏或胃肠道改变，营养失衡）和全身性临床症状有关。

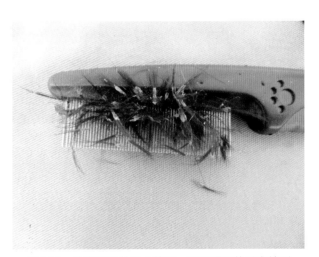

图5-20　给有鳞屑的患犬梳毛，可见明显的毛囊管型

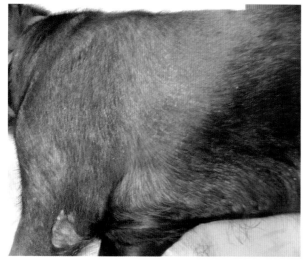

图5-21 患皮脂腺炎的拉布拉多犬出现广泛性鳞屑

图5-24 脚垫过度角化

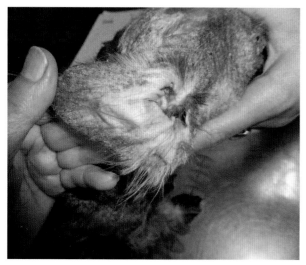

图5-22 疥螨患犬耳缘出现鳞屑样病变

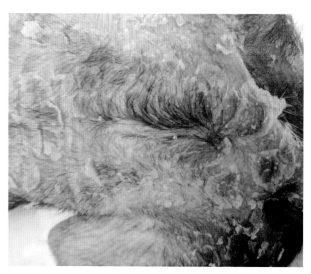

图5-25 锌反应性皮肤病的全身性磷屑（图片由Amparo Ortúñez 提供）

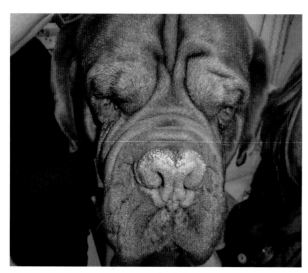

图5-23 口鼻过度角化

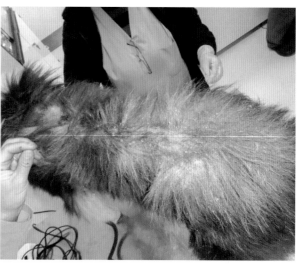

图5-26 跳蚤叮咬过敏性皮炎患犬背腰部的脂溢性皮炎

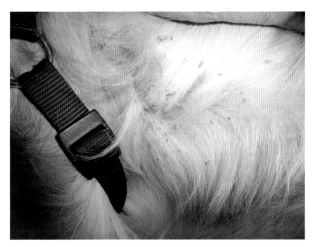

图5-27　金毛寻回犬胸侧面因鱼鳞病出现广泛性鳞屑

▶ 外界因素，如环境湿度过低，或接受了不适当的治疗，也能引发全身性皮肤问题。

诊断方案

在开始诊断性检测之前，根据患犬病史和临床表现的特点，有可能确定是原发性，还是继发性，以及外部因素（如喂养不足）是否与鳞屑的形成有关。

如果数据分析表明，是遗传问题或遗传性角化病，应进行皮肤活检，以便确定是否可以根据观察到的组织学形态做出诊断（图5-28）。一旦确诊，有必要适当地告知动物主人关于本病的遗传问题。

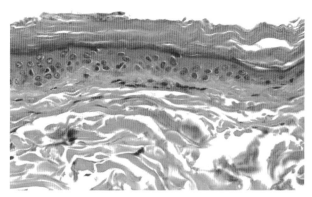

图5-28　金毛犬鱼鳞病：组织学病变特征为伴随角质层嗜酸性粒细胞增多症的正角化性过度角化，真皮层无组织学变化（图片由Laura Ordeix 提供）

另一方面，如果对临床病史的分析结果强烈提示病患营养缺乏，应当告知主人，以便他们解决营养不足及其存在的相应问题。在其他情况下，考虑到存在大量的鳞屑/结痂和皮脂溢，以及继发于其他病程的异常角化，遵循相关的诊断方案以排除继发性病因至关重要。

以下是确认或排除鳞屑/结痂和皮脂溢所需要的步骤。

步骤1　螨虫、马拉色菌和皮肤表面的其他细菌

第1步的目的是确认或排除可能存在于皮肤表面的瘙痒因素：疥螨、蠕形螨、耳螨、虱子、姬螯螨、马拉色菌等（图5-29）。为了确认是否存在，应进行以下检测。

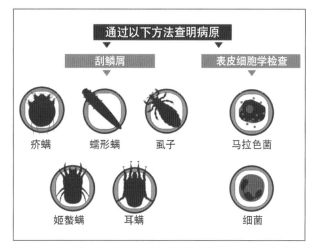

图5-29　引起皮肤鳞屑/结痂和皮脂溢病理过程的体表病原

▶ 刮擦患处观察是否存在螨虫或虱子。

▶ 用检耳镜观察耳道，可以分析耳道的上皮特点和分泌物类型，某些时候可以检出耳螨。

▶ 用棉拭子取耳道分泌物涂在载玻片上，以便确认或排除耳螨。

▶ 用胶带做皮肤表面细胞学检查，以观察酵母菌和/或细菌是否过度生长。

▶ 最后，为了确认螨虫不是所观察疾病的原因，可以进行抗寄生虫治疗，以去除该地理区域常见的动物皮肤表面所有的寄生虫。无论之前的检查结果是否为阴性，都应持续治疗最少1个月。

如果观察到酵母菌细菌过度生长，应在确诊前加以控制，因为这些微生物产生的炎症会加重

皮脂溢，可能掩盖在其后活检中查出的潜在疾病的组织学征象。

步骤2　肠道寄生虫

建议进行粪便检查，以确定是否存在肠道寄生虫，并确认或排除消化不良或肠吸收不良的问题。

步骤3　皮肤癣菌

第3步的目的是确认或排除皮肤表面是否有病原性真菌。癣菌引起鳞屑增多的皮肤病表现比预期的严重。

应当指出，把伍德氏灯作为确认或排除皮肤癣菌的唯一方法，可能会出现假阴性结果，因为发出的荧光是皮肤癣菌侵蚀角质化结构里角蛋白所产生代谢物的结果。因此，伍德氏灯可用于检测犬小孢子菌，但检测其他皮肤癣菌（如须发癣菌），并不可靠。

为了确认或排除皮肤癣菌问题，需要进行以下实验室检查：

▶ 进行毛发镜检以检查毛干状态，如果毛囊结构被侵蚀证实存在皮肤癣菌（图5-30）。

▶ 如果毛发镜检显示阴性，请用专门的皮肤癣菌培养基（DTM）进行培养，然后对培养基中生长的大分生孢子进行显微分析（图5-31）。

步骤4　确认或排除利什曼病

第4步是确认或排除利什曼原虫在通常最容易被发现的地理区域是否存在，因为这种寄生虫可能是皮肤鳞屑的主要原因（图5-32），或者可以促进蠕形螨病的发展，而蠕形螨病也可以产生鳞屑。有几种实验室检测方法可用于这一目的，在我们的诊所是选择定量ELISA方法的血清学检测，同时结合蛋白分析技术。

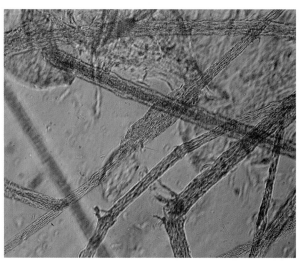

图5-30　毛发镜检显示皮肤癣菌孢子侵袭的毛干

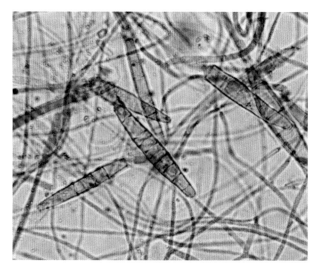

图5-31　DTM培养基中出现的犬小孢子菌的大分生孢子

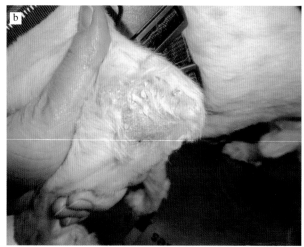

图5-32　利什曼病患犬的鳞屑表现
a.耳缘　b.肘部

步骤5 控制跳蚤感染

第5步涉及对皮脂溢患犬的体外寄生虫进行控制。确保跳蚤控制计划适合病患的特点非常重要，需要考虑以下几个注意事项：

▶ 患犬生活的环境和针对跳蚤成虫、卵和幼虫的环境控制计划。

▶ 其他猫/犬或其他种属动物（同住、游荡、偶尔或定期逗留）的存在，可能是跳蚤进入病患居住环境的储藏库或途径。

▶ 用于控制跳蚤的产品、犬主使用产品的方式、治疗部位、给药频率和这些产品是由犬主自己给药还是由他人给药，等等。

如果犬主对如何控制跳蚤有任何疑问，应提醒其正确控制的重要性，并针对所有犬只及其周围环境，使用适当的产品进行系统的管理。选择被视为最有效的抗寄生虫药，应至少连续使用3个月，并评估其对鳞屑性皮肤病的改善效果。

步骤6 食物过敏

当排除了寄生虫感染、利什曼病之后，我们将进入第6步，即确定食物过敏是否是脂溢性皮炎的病因。

虽然食物过敏很少作为唯一的病因，然而在特应性皮炎中，食物过敏导致的脂溢性皮炎却很常见，因此有必要检查。给患病动物单蛋白饮食或低过敏饮食至少4周后，看病变是否得到改善。如果改善，即使动物的皮肤问题没有得到完全控制，它们的饮食也应该得到适当的调整，在完成整个诊断流程之前，维持适合这个动物的低过敏饮食。

步骤7 由过敏原引发的特应性皮炎

第7步的目的是排除了食物和跳蚤叮咬性过敏之后，证实特应性皮炎是否存在（图5-33）。为此，应采用特应性皮炎的Favrot诊断标准：

▶ 症状出现在3岁以前

▶ 主要是生活在室内的动物

▶ 其瘙痒对皮质类固醇有反应

▶ 慢性或反复发作的酵母菌感染

▶ 累及后肢

▶ 累及耳道

▶ 耳缘不受影响

▶ 背腰处不受影响

如果患犬符合上述标准中的5项或5项以上，则认为该犬患有环境过敏原引起的特应性皮炎（敏感性达85.5%，特异性达79%）。

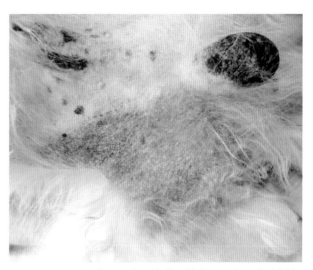

图5-33 由环境过敏原引起的特应性皮炎，出现瘙痒性红斑，伴有鳞屑和痂皮

步骤8 全身性疾病

如果鳞屑发生于6岁以上的犬，且其他所有检测均为阴性，则应进行整体检查，包括生化（胆固醇、碱性磷酸酶和葡萄糖）、血液学、尿液、腹部超声和相应的内分泌检查，以确认或排除肝脏疾病、肾脏疾病、糖尿病、甲状腺机能减退症或库兴氏综合征的存在。

在老年动物出现临床症状的情况下，内分泌、代谢疾病、免疫缺陷、肿瘤都有可能是鳞屑/皮脂溢的潜在病因。系统性疾病也会使个体易感其他疾病，如皮肤癣菌病、蠕形螨病或利什曼病，而这些疾病反过来又会加剧鳞屑形成过程。

步骤9 皮肤活检

应在多个部位进行活检采样，以确认原发性角质化过程是否出现了问题，有时也需要用活检的方式确定继发性皮脂溢的原因，如是否存在浅表坏死性皮炎、趋上皮性淋巴瘤、锌缺乏、皮脂腺炎（图5-34）、天疱疮或红斑狼疮。

但是，与过敏（图5-35）、寄生虫感染以及内分泌疾病相关的皮肤病变可能非常相似。因此，组织学分析不一定能得出明确的诊断。

活检样本应多取几个部位，包括正常皮肤、

鳞屑严重和不太严重的部位。

在采集活检样本之前，必须确保皮肤表面过

度生长的细菌或酵母菌得到了控制，否则可能会对潜在病因的确诊造成影响。

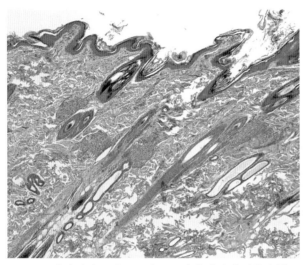

图5-34 皮脂腺炎毛囊周围出现了多结节肉芽肿的炎性浸润，毛囊峡部缺乏皮脂腺，呈明显的过度角化 (图片由Dolors Fondevila提供)

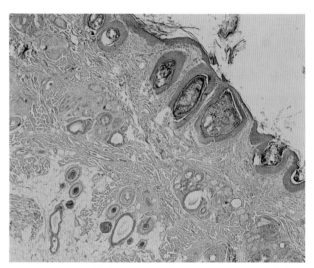

图5-35 患特应性皮炎的西高地白㹴，其组织学照片中显示出明显的毛囊过度角化

PART 6

第6章

糜烂-溃疡型

简介

糜烂-溃疡（EU）型以存在糜烂或/和溃疡为特征，附近区域也可能存在炎症病灶，如红肿、水肿、结痂、褪色或脱毛。

糜烂是以皮肤表面的连续性丧失为特征的局限性损伤（图6-1），但不影响基底膜。溃疡是以皮肤组织的连续性丧失和皮肤凹陷为特征（图6-2），且真皮和表皮的连接处也被破坏。

图6-1 糜烂性损伤

图6-2 a.溃疡性损伤 b.深层溃疡损伤

糜烂和溃疡被认为是继发性损伤，是由紧密连接的鳞屑和结痂脱落而形成的，或者是由斑块、结节和水疱发展而来。有些病例的潜在原因与疼痛、瘙痒有关（图6-3），或本质上属于神经原性，最终因自我损伤导致糜烂-溃疡。

糜烂很容易发展成溃疡，包括感染、自我损伤加剧，或抓挠瘙痒部位，因此，判断引起这种病灶的病因比区分这两种病灶类型更重要。

下面是造成皮肤组织破坏并形成糜烂-溃疡的主要病理生理学机制：

创伤（自发的或非自发的）：瘙痒性皮肤病经常出现因抓挠引发的糜烂-溃疡（图6-4），这些病变区域的分布范围和表现，展示了抓挠后的损伤。

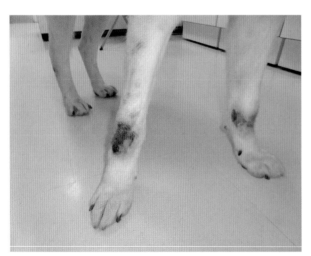

图6-3 瘙痒或/和疼痛造成自发性创伤，导致糜烂-溃疡病灶

临床上，对于一个造成皮肤连续性丧失的病灶，无法判断是糜烂还是溃疡时，需要进行皮肤活检来区分。

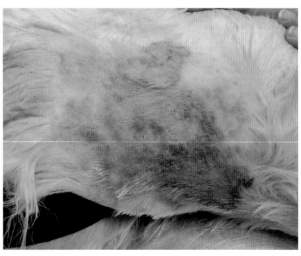

图6-4 过敏性皮炎患犬颈部，由搔抓导致的糜烂-溃疡病灶

　　缺血：由血管炎或血管疾病造成的皮肤供血不足可以导致糜烂-溃疡（图6-5），一个真皮层大血管的堵塞会造成该血管灌注区域的皮肤坏死，也可能导致一个个的圆形溃疡（图6-6），这种外观是典型的原发性血管损伤。当小毛细血管堵塞时，可能不会形成肉眼可见的溃疡，但可能导致糜烂。

　　其他：导致这种类型病灶的原因包括感染（细菌、真菌）、免疫因素（图6-7和图6-8）、肿瘤（图6-9）和特发性过程。

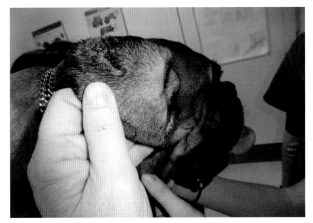

图6-5　由血管疾病导致的糜烂-溃疡病灶

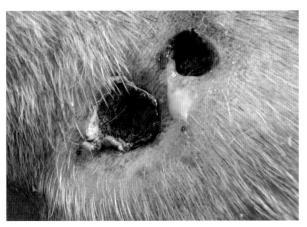

图6-6　特发性血管炎病例的穿孔性溃疡

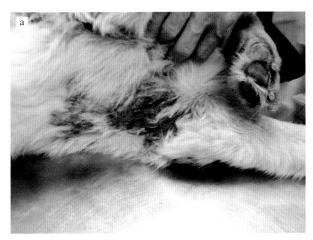

图6-7　a.一只脓皮病德国牧羊犬的糜烂-溃疡病灶　b.溃疡的细节

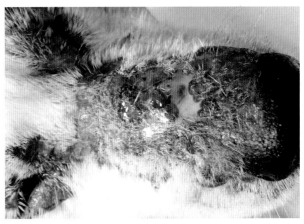

图6-8　落叶型天疱疮导致的糜烂-溃疡

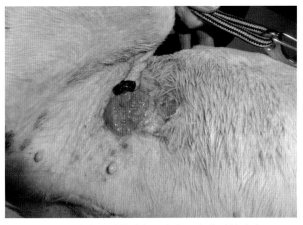

图6-9　肿瘤导致的糜烂-溃疡（肉芽肿性溃疡）

病 因

内在和外在因素（框6-1）均可损伤皮肤组织，影响表皮、真皮甚至是皮下组织。同样，很多不同的机制都可以呈现糜烂-溃疡的外观（框6-2）。

框6-1 导致糜烂-溃疡的主要因素

内在因素	外在因素	内在因素混合外在因素
▶ 特定结构和黏附分子的缺失或破坏	▶ 由瘙痒造成的自体损伤（常见）	▶ 外在压力加上缺血，会导致褥疮性溃疡，特别是骨头突出位置的皮肤
▶ 由于浸渍造成表皮层脱落	▶ 物理因素	
▶ 矿物质经皮排出	• 光化（阳光）	
▶ 龟裂间隙扩大	• 电	
▶ 脓疱和／或囊泡病灶的发展	• 热	
▶ 肿瘤性浸润	▶ 化学因素	
▶ 严重的炎症	▶ 毒性因素	
▶ 局部血流阻断	▶ 机械性外伤	
▶ 角质细胞的坏死或凋亡		
▶ 退行性变化		
▶ 囊性或疱性进程		

引自Saridomichelakis，2012。

框6-2 导致糜烂-溃疡的主要原因

分 类	病 因
过敏性	▶ 犬嗜酸性疖病 ▶ 虫咬和跳蚤叮咬过敏
代谢性/内分泌性	▶ 皮肤钙质沉着和局限性钙质沉着 ▶ 浅表性坏死性皮炎（肝皮综合征） ▶ 肾上腺皮质机能亢进
自体免疫和免疫介导性	▶ 幼犬蜂窝织炎 ▶ 多形红斑或Stevens-Johnson综合征、中毒性表皮坏死松解症（TEN） ▶ 红斑狼疮（系统性和皮肤性） ▶ 天疱疮（落叶型、红斑型、寻常型和副肿瘤型） ▶ 表皮下大疱性皮炎 ▶ 肛周瘘道 ▶ 无菌性脂膜炎 ▶ 药物不良反应 ▶ 犬葡萄膜皮肤综合征 ▶ 血管病（免疫性血管炎）
真菌性	▶ 皮肤癣菌病（浅表性脓疱性皮肤癣菌病、脓癣、假性霉菌瘤） ▶ 系统性真菌病（芽生菌病、隐球菌病、孢子丝菌病、组织胞浆菌病） ▶ 皮下真菌病（脓毒症、孢子丝菌病、曲霉菌病）

（续）

分　类	病　因
肿瘤性	▶ 原位鳞状细胞癌（鲍恩病） ▶ 基底细胞癌 ▶ 反应性组织细胞增多症 ▶ 皮肤/趋上皮性淋巴瘤 ▶ 肥大细胞瘤 ▶ 肺癌的皮肤转移
细菌性	▶ 放线菌病 ▶ 分支杆菌病 ▶ 诺卡菌病 ▶ 浅表脓皮病（皮肤黏膜脓皮病和弥散性表皮脓皮病） ▶ 浅表脓皮病（脓性创伤性皮炎和擦伤） ▶ 深层脓皮病（疖病、蜂窝织炎、德国牧羊犬脓皮病）
营养性	▶ 锌反应性皮炎 ▶ 犬饲喂不足
寄生虫性	▶ 蝇蛆病 ▶ 疥螨 ▶ 皮肤微丝蚴病 ▶ 原虫（利什曼原虫病）
先天性和遗传性	▶ 牛头㹴肢端皮炎 ▶ 犬肌皮炎 ▶ 大疱性表皮松解症 ▶ Ehlers-Danlos综合征（先天性结缔组织发育不全综合征，译者注）
其他	▶ 犬粉刺 ▶ 肢端舔舐性皮炎（神经性皮炎）
环境性	▶ 寒冷 ▶ 异物 ▶ 刺激性接触性皮炎 ▶ 光化性皮肤病 ▶ 蛇咬 ▶ 不同昆虫的咬伤 ▶ 灼伤（化学、电、热） ▶ 外伤、压力

糜烂-溃疡病变的主要后果之一是皮肤屏障功能受损，导致液体、蛋白质和电解质的流失，以及皮肤更容易受到细菌侵蚀。因此，当溃疡区域广且深时，犬的生命可能会受到威胁，因为它们可能会出现脱水、低蛋白血症和菌血症（图6-10），或出现全身不适、发热和沉郁（图6-11）症状。因此在这些情况下，必须从一开始就进行对症治疗，以避免这些并发症，同时查明糜烂-溃疡的病因。

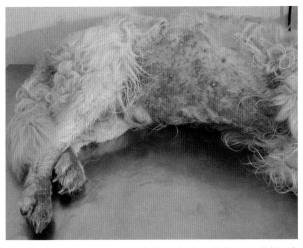

图6-10　Stevens-Johnson综合征：金毛犬全身呈现糜烂-溃疡，并发生败血症休克

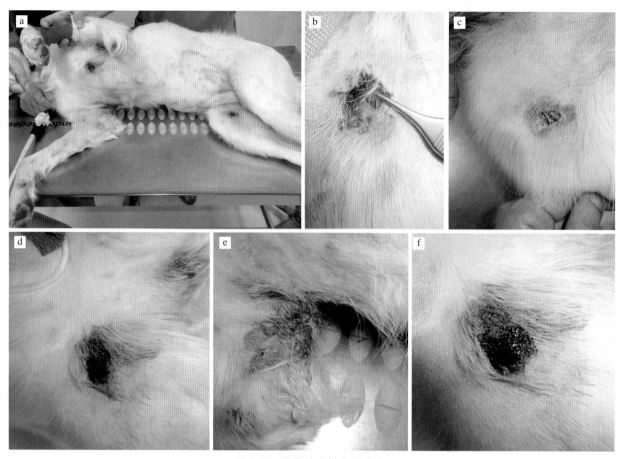

图6-11 全身特发性血管疾病

a.患犬的整体外观　b.背部的病灶细节　c.前肢内侧　d.后肢内侧　e.腋下　f.胸腹侧

诊断程序

首先，要分析患犬的发病特点和病史，然后进行全面的体格检查和皮肤病学检查，最后列出可能的病因及相应诊断方案，最终确诊糜烂-溃疡的病因。

虽然本章描述了与糜烂-溃疡相关的瘙痒，但是需要注意的是，瘙痒型占大多数，应按照第8章描述的特定诊断方案进行处理。

病史分析

年龄

关于发病年龄，先天性和遗传性糜烂-溃疡以及幼年蜂窝织炎（图6-12）都发生在幼年期，而德国牧羊犬深层脓皮病（图6-13）和肛周瘘（图6-14）出现在年轻或中年犬上，肿瘤和代谢性疾病在老年犬上更典型。

性别

尽管没有文献数据表明这类病灶与性别有关，但有些作者指出雄性犬更容易患深层脓皮病，如德国牧羊犬的脓皮病（图6-13）和皮下真菌病。

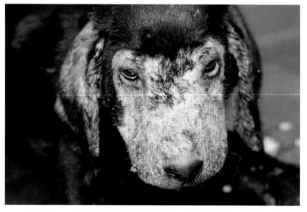

图6-12 幼犬蜂窝织炎表现为糜烂-溃疡（图片由Amparo Ortúñez 提供）

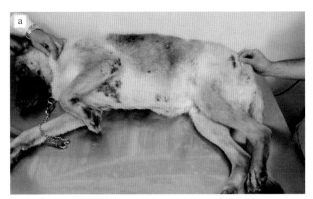
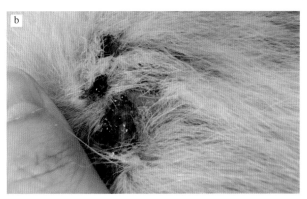

图6-13　患深层脓皮病德国牧羊犬的糜烂-溃疡病灶
a.整体外观　b.位于胸腹侧的溃疡细节

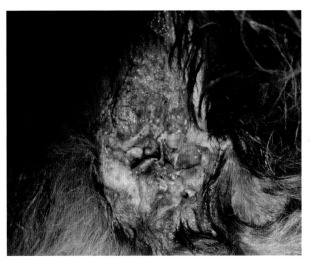

图6-14　德国牧羊犬肛周瘘的溃疡

品种

小型犬（如马尔济斯犬、贵宾犬、拉萨犬、京巴犬、博美犬、约克夏㹴）在注射疫苗时，特别是注射狂犬病疫苗时，注射部位更容易有糜烂-溃疡（图6-15）。大型犬则更常见真菌感染，如放线菌和诺卡氏菌。白色毛发的品种易患光化性皮炎（图6-16）和口鼻部的鳞状细胞癌（图6-17），伴有肾小球疾病的全身性血管炎（图6-18）在灵猩上更为常见。

生活习惯

户外生活的犬很可能被虫子或蛇咬伤，并经历异物反应（图6-19）、外伤和冻伤。阳光照射会造成糜烂-溃疡，像光化性皮肤病、红斑型天疱疮、皮肤红斑狼疮（图6-20）和皮肌炎（图6-21）。户外生活的犬也更容易患真菌病[如皮癣菌病（图6-22）、孢子丝菌病和隐球菌病]、细菌病（如葡萄球菌病）和寄生虫病（如利什曼病，见图6-23）。室内生活的犬，特别是长时间停留在厨房的犬，容易被滚烫的液体或其他热源烫伤（图6-24）。

运输

知道犬可能去的地方很重要，可以将媒介传播性疾病或地理特异性疾病列入鉴别诊断，如系统性真菌病、利什曼病和皮肤微丝蚴病。

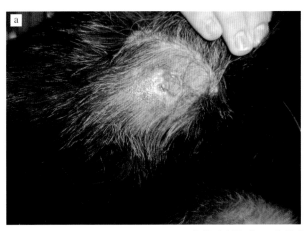
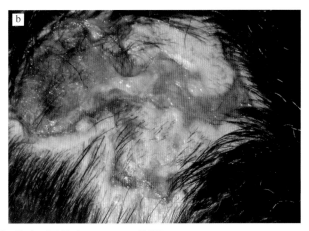

图6-15　疫苗注射部位周边的糜烂-溃疡（图片由Eva Varela提供）
a.狂犬病疫苗反应　b.利什曼病疫苗反应

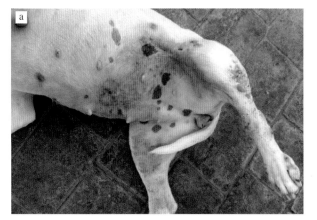
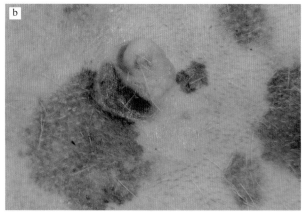

图6-16　光化性皮炎（图片由 Amparo Ortúñez 提供）
a.腹部和后肢的病灶　b.乳头附近的糜烂-溃疡

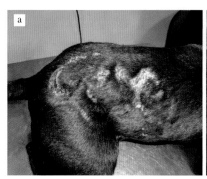

图6-17　马士提夫獒犬的鳞状细胞癌

图6-18　灵猩血管炎导致的糜烂-溃疡
a.全身外观　b.局部细节

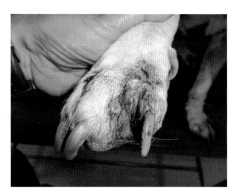
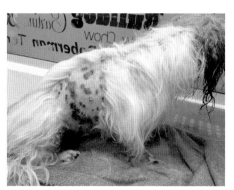

图6-19　鞋钉嵌入趾间导致炎性结节，有糜烂-溃疡病灶

图6-20　犬皮肤红斑狼疮的糜烂-溃疡（图片由 Amparo Ortúñez 提供）

图6-21　皮肌炎的糜烂-溃疡

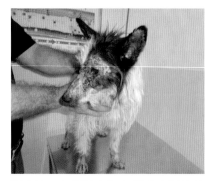
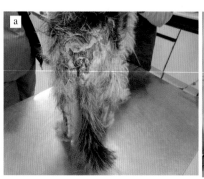

图6-22　皮癣菌病和血管疾病导致的糜烂-溃疡

图6-23　利什曼病患犬骨头突出处的溃疡病灶
a.尾端　b.头端

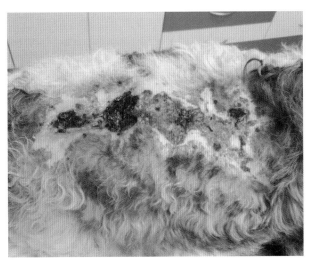

图6-24　电热毯造成的三级烧伤，糜烂-溃疡（图片由 Laura Navarro 提供）

发生速度

根据糜烂-溃疡形成的速度，它可以分为渐进性和超急性。其中，蜘蛛叮咬的皮肤反应、药物反应（包括疫苗）、外伤、骨折、暴露于极其寒冷环境而冻伤或电热毯烫伤都属于急性发病。

药物反应

通过研究患犬近期所用的药物（最近2个月），可以确定一些药物的特殊反应，包括天疱疮型反应、红斑狼疮、血管炎、Stevens-Johnson综合征、中毒性表皮坏死（NET），与抗生素（如青霉素、氨苄青霉素、头孢菌素、甲氧苄氨嘧啶、磺胺甲噁唑和甲硝唑）、抗真菌药（如伊曲康唑）或苯巴比妥相关的脂膜炎（图6-25）。抗炎药和免疫抑制复合物的使用也可能导致糜烂-溃疡，因为使用过这类药物后，酵母菌、细菌、隐球菌或分支杆菌会快速生长，从而在皮肤上定植并感染皮肤。

全身检查

只有大范围糜烂-溃疡的犬通常会有全身症状，如体温升高、精神沉郁、厌食、贫血虚弱、外周淋巴结肿大、脱水、电解质紊乱和蛋白尿。

当糜烂-溃疡累及四肢时，有可能出现跛行。有时候这些临床症状是伴有皮肤表现的全身过程的结果，如肝脏疾病、肝皮综合征、肾小球肾病（血管炎伴随蛋白尿，在灵猩中常见）、肾上腺皮质机能亢进（导致皮肤钙质沉着，可能并存溃疡病灶，见图6-26）、脾脏肥大或淋巴结疾病（利什曼原虫导致）、细菌性菌血症导致的血管疾病、全身性炎性感染、蜱传播的疾病和肿瘤性疾病，如乳腺瘤转移的皮肤癌。

皮肤病学检查

对开放性皮肤创伤的检查要戴着手套进行，一些病原体有潜在的人畜共患风险（如分支杆菌和捷克孢子丝菌，后者可导致孢子丝菌病）。

为了充分地描述糜烂-溃疡，有必要对病变的不同方面进行描述，如边缘和中心的外观、病灶的形状、界限是否清晰、在体表（头部、躯干、四肢、皮肤黏膜处）的位置和分布，以及溃疡四周的皮肤外观；如果有渗出液，其外观和颜色也要注明。

病灶边界的外观

指压病变附近的皮肤可以显示细胞之间的内聚程度，反过来又提供了皮肤连续性丧失机制的信息。皮肤剥离是由于桥粒或半桥粒的改变导致表皮内或真皮表皮间的结合缺失，通常是由于自体免疫过程。溃疡的形状取决于它们形成的病理生理机制，在血流阻断导致的溃疡病例中，皮肤会出现穿孔，而在丘疹、脓疱、水疱或大疱性病变破裂后形成的溃疡，往往是圆形的且边界清晰（图6-27），而皮肤坏死造成的溃疡，边界不清晰。

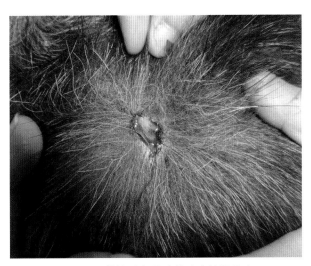

图6-25　药物反应导致的溃疡性脂膜炎

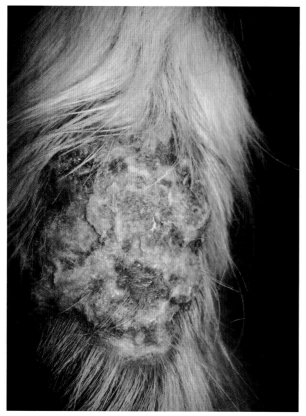

图6-26 丘疹样脓疱/水疱性炎症区域的糜烂-溃疡：这只犬患有肾上腺皮质机能亢进症，导致皮肤钙质沉着，继而形成溃疡（图片由Amparo Ortúñez提供）

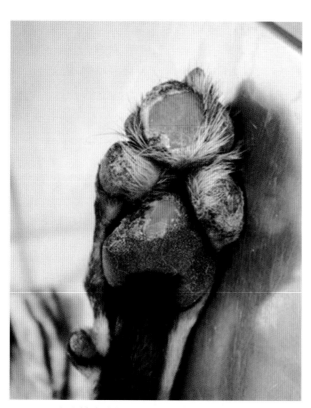

图6-27 大疱性表皮松解症导致德国短毛猎犬足垫出现糜烂-溃疡病变

渗出液

溃疡中流出的液体可以是血清出血性、出血性或脓性，干燥后形成结痂（图6-28）。

> 大多数糜烂-溃疡是由于感染位置痒或痛，从而持续性舔舐造成的（如受感染关节的体表投影区域），见图6-29。

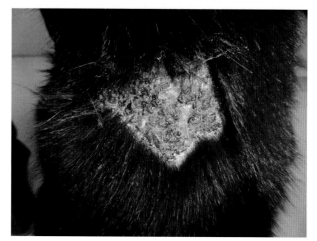

图6-28 侵蚀部位的结痂

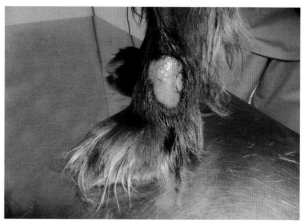

图6-29 腕关节突出部分因持续舔舐导致的糜烂-溃疡

分布和位置

糜烂-溃疡的分布范围有助于诊断病因，因为许多疾病导致的溃疡都有其特殊部位。这些信息可以与身体特定部位涉及（或不涉及）的信息（框6-3）结合起来，进行疾病诊断。这些特殊区域包括皮肤黏膜连接处，如嘴唇（图6-30）、鼻孔和鼻平面（图6-31）、眼皮（图6-32）、包皮、外阴或肛门、黏膜、耳郭（图6-33）、阴囊皮肤（图6-34）和足垫（图6-35）。

框6-3　糜烂-溃疡过程中病变的具体位置

糜烂-溃疡过程	黏膜	皮肤黏膜结合处	鼻梁	耳郭	足垫
斗牛犬肢端皮炎	有	有	无	有	有
曲霉菌病	有	有	有	无	无
芽生菌病	无	无	有	无	无
皮肤钙质沉着	无	无	无	无	有
念珠菌病	有	有	无	无	有
幼年蜂窝织炎	无	有	无	有	无
隐球菌病	有	有	有	有	有
光化性皮炎	无	有	有	有	无
浅表性坏死性皮炎	有	有	有	有	有
虫咬皮炎	无	无	有	有	无
皮肤癣菌病	无	无	有	有	无
皮肌炎	有	有	有	有	有
表皮下大疱性皮肤病	有	有	有	有	有
饮食失衡性皮肤病	无	有	有	有	有
锌反应性皮肤病	无	有	有	有	有
遗传性表皮松解症	有	有	无	有	有
多形红斑	有	有	有	有	有
孢子丝菌病	无	有	有	有	无
擦伤	无	有	无	无	无
利什曼病	有	有	有	有	有
皮肤/趋上皮性淋巴瘤	有	有	有	有	有
红斑狼疮	有	有	有	有	有
中毒性表皮坏死	有	有	有	有	有
天疱疮	有	有	有	有	有
皮肤黏膜脓皮病	无	有	有	无	无
原藻病	无	有	有	有	有
药物副反应	有	有	有	有	有
Stevens-Johnson综合征	有	有	有	有	有
葡萄膜皮肤综合征	有	有	有	有	有
酪氨酸血症	有	无	有	有	有
血管疾病	有	有	有	有	有

引自Saridomichelakis, 2012。

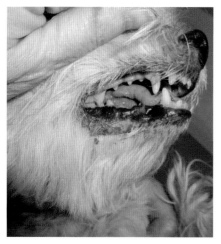

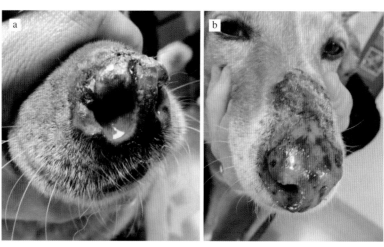

图6-30　一例皮肤黏膜脓皮病患犬唇部的糜烂-溃疡，有痂皮覆盖

图6-31　鼻黏膜皮肤交界处的糜烂-溃疡

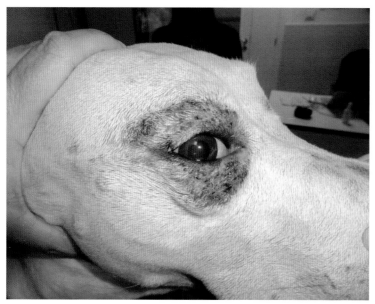

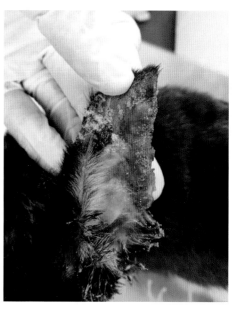

图6-32　眼结膜皮肤交界处的糜烂-溃疡

图6-33　一个血管炎病例耳郭上的糜烂-溃疡（图片由Amparo Ortúñez提供）

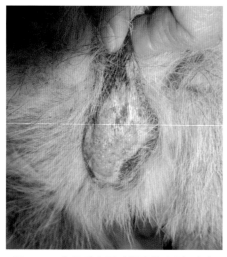

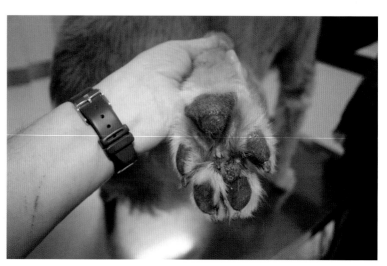

图6-34　药物反应导致阴囊的糜烂-溃疡

图6-35　一只利什曼病患犬足垫上的糜烂-溃疡

诊断方案

首先根据患犬糜烂-溃疡的表现，列出可能的病因，进行下面的一系列步骤。

步骤1 确定是否瘙痒

如果观察到的病灶是由瘙痒、自我抓挠导致的，就应该遵循瘙痒的诊断程序。如果不是自损诱发的糜烂-溃疡，则进行第2步。

步骤2 病史调查或临床检查

一些糜烂-溃疡的过程具有某些病理学特征，如幼犬面部的糜烂水肿性炎症（幼犬蜂窝织炎）、德国牧羊犬肛周的糜烂-溃疡和瘘管（肛周瘘）、特殊易感品种的红肿、糜烂和葡萄膜炎，如秋田犬的葡萄膜皮肤综合征。有糜烂-溃疡的患犬可能也有物理或化学性灼伤病史。在这些情况下，如果临床病史和皮肤病学可以提供特定的病理学证据，则应提出具体的验证试验。

步骤3 细胞学

可以用玻片直接对病灶压片，或掀开结痂后，对其下方进行压片。在一些病例中，糜烂-溃疡会出现在结节的表面，可以挤压该区域，让其渗出液体，然后用玻片对其压片。

> 虽然获取的样本可以用任何染液进行染色，但Diff-Quik染色较快速，也能染出高质量的片子。

Diff-Quik染色可以显示出细菌、真菌、利什曼原虫无鞭毛体、炎性细胞（图6-36）、棘层松解角质细胞、增生或异常细胞，以及肿瘤细胞。

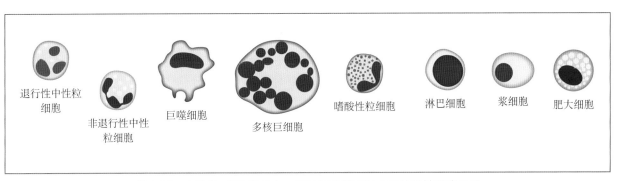

图6-36 在糜烂-溃疡病灶中，通过细胞学可以看到的炎性细胞类型

在糜烂-溃疡中最常见的炎性细胞是中性粒细胞，既可以是正常的，也可以是退化的。溃疡的基底通常有炎性浸润，主要是中性粒细胞；当发展为慢性时，也会有巨噬细胞、嗜酸性粒细胞、淋巴细胞、浆细胞和肥大细胞。

当退化的中性粒细胞占比很高时（超过可见炎性细胞的85%），应当怀疑细菌感染；如果看见胞内菌，则可以做出诊断。如果绝大部分是非退化的中性粒细胞，则怀疑是免疫介导性过程、无菌性刺激或具有显著炎性成分的肿瘤性病灶。

当看见组织细胞、巨噬细胞或多核细胞，要怀疑异物，或放线菌、分支杆菌或诺卡氏菌引发的真菌或细菌感染。

如果细胞学中看见混有中性粒细胞和巨噬细胞，或者除了中性粒细胞和巨噬细胞外，还有淋巴细胞和浆细胞，可能提示淋巴细胞性肉芽肿、异物反应、真菌或细菌感染。

如果嗜酸性粒细胞占比超过15%～20%，则要怀疑过敏反应、寄生虫感染、蚊子叮咬、嗜酸性疖病、某些真菌感染或肿瘤（肥大细胞瘤）。

如果主要是淋巴细胞和/或浆细胞，则怀疑病毒早期感染或慢性炎症过程中的抗原或免疫原性刺激。如果细胞种类单一且没有其他炎性细胞，则要怀疑淋巴瘤。

如果看见异常增生的上皮细胞（不要和肿瘤细胞相混淆），则要怀疑该病灶是继发于炎症或刺激。

如果仅发现细菌，皮肤表面没有炎性细胞，则无须怀疑表面脓皮病，因为糜烂-溃疡病变通常被同一媒介中生长旺盛的机会微生物污染。如果患犬有舔过病灶，该病灶有可能看见西蒙斯氏菌，这在口腔中是常见菌，没有诊断意义。

细胞内有球菌或杆菌表明病灶可能有细菌感染，这种情况建议选用适当的消毒药或抗生素进行局部或全身治疗。在怀疑有分支杆菌、放线菌属或诺卡氏菌属等个别细菌的情况下，应咨询相关的参考实验室，对这些细菌进行特殊培养或染色。

如果发现棘层松解的角质细胞处在一群非退化的中性粒细胞中，不管棘层松解细胞是松散的还是聚集的，都应该怀疑天疱疮综合征（图6-37）。

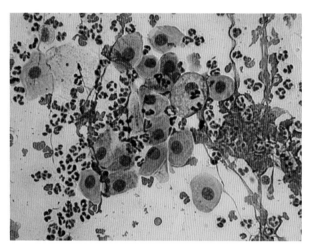

图6-37　天疱疮的细胞学照片，在一些非退化的中性粒细胞中，可见棘层松解角质细胞

如果主要是非炎性细胞，尝试识别与特定肿瘤过程相关的组织细胞是很重要的。然而，一般在溃疡性结节上，很难用压片法获取肿瘤组织细胞。在这些情况下，细针穿刺（抽吸或不抽吸）能提供更有代表性的样本。在对溃疡边界或基底进行细胞学分析时，这种技术比压片技术有更好的结果。识别出来的肿瘤细胞可能与上皮肿瘤（大细胞、圆形细胞或聚集成团的多边形细胞）、间质细胞瘤或肉瘤（通常是分散的卵圆形、梭型或星形细胞）和圆形细胞瘤（大量分散的圆形细胞）相对应。

步骤4　确认或排除利什曼病

在欧洲部分地区如地中海盆地，利什曼病是一种常见的疾病，临床表现为糜烂-溃疡的临床症状。因此，患犬在做其他检查前，通过血清

学和蛋白分析技术可以有效地确诊或排除利什曼病（利什曼病也可能在步骤3中被检查出），见图6-38。

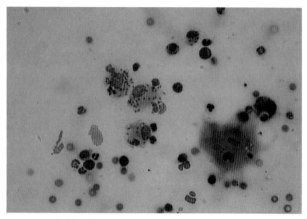

图6-38　糜烂-溃疡病灶的细胞学检查确诊为利什曼病，利什曼原虫的无鞭毛体在巨噬细胞中

步骤5　皮肤活检

做了细胞学检查后，可以通过皮肤活检建立可能或预期的诊断，或排除其他病因。

> 活检为糜烂-溃疡的诊断提供了重要的信息。

对于一些疾病的特异性诊断，活检是必要的，如自体免疫或免疫介导性疾病、嗜酸性疖病、脂膜炎、血管疾病、先天性、遗传性和肿瘤性疾病。使用特殊的染液进行分析，如PAS（过碘酸雪夫）染液能作为有效的诊断工具，可以将皮肤癣菌与自体免疫性疾病区分开。因此，最重要的是，病理实验室能获取关键部位的皮肤样本（理想情况下3个样本），并尽可能采集所有可见的病灶样本。

对于疑似皮肤黏膜脓皮病的病例，或细胞学检查中看到有大量胞内菌，建议在活检前使用3～4周的抗生素治疗。

皮肤黏膜脓皮病和某些自体免疫过程可能有相同的临床表现，有些情况下，还可能有相同的组织病理学表现，如果治疗有效，则提示为脓皮病；如果没有治疗效果，病理学家需要采集不被细菌污染的活检样本，这样的分析结果才更准确，

因为继发性细菌感染会掩盖其他原发病的组织病理学特征。

考虑疾病发展进程的特定阶段很重要，早期活检样本是首选方法，因为慢性病灶会使诊断过程更复杂，在查找引起表皮真皮接合处、皮肤黏膜病和全身性临床症状的病因时尤为重要。活检部位的选择很关键，标准的程序是尽可能选择原发病灶，尽管所分析的类型以糜烂-溃疡病变为特征。

> 糜烂-溃疡的活检采样要让样本含有足够的组织，以便能分析病灶边缘周围的皮肤，以及病灶自身的边缘和基部。

重要的是提交给实验室多个样本，这些样本需要从不同部位、不同表现的病灶上采取，并分别保存在贴有标签的小瓶子中。

步骤6　细菌培养和药敏试验

当认为有必要进行细菌培养和药敏试验时，采取步骤6。在细胞学检查显示细菌感染的所有糜烂-溃疡的病例中，都需要采样做细菌培养和药敏试验。在怀疑分支杆菌、诺卡氏菌或放线菌感染时，这一步尤为必要，也适用于任何类型的继发性脓皮病。必须在无菌环境下采样，首先要清洁皮肤表面。要考虑可能的细菌类型，因为一些微生物需要特殊的培养基，可能只在某些实验室中才有，因此需要联系实验室，了解如何采样以及如何运输，并确保实验室能够鉴定。

步骤7　真菌培养

真菌培养可用于疑似假性霉菌瘤或脓癣。在这些病例中，毛发检查和伍德氏灯对诊断几乎没有帮助，因为糜烂-溃疡病变不能检测到荧光，这是犬小孢子菌感染通常显示假阴性的原因。如果怀疑皮肤癣菌病，样本需要在专门培养癣菌的培养基（DTM或沙氏琼脂培养基）中进行培养。

在一些假性霉菌瘤或脓癣的病例中，需要几个活检样本同时做培养和组织病理学分析。在皮下或全身性真菌病例中，如果有特殊的表征时，需要联系实验室并告知怀疑方向。如果是深层真菌感染，如芽生菌、组织胞浆菌、隐球菌或孢子丝菌（图6-39），则需要格外注意，因为实验室技术人员有感染风险，因此要做出特别提醒。

步骤8　其他特异性检查

在某些情况下，有必要应用免疫组化技术、免疫荧光、ELISA或IFI血清学、特殊染色或PCR等技术以得出准确的诊断。在怀疑系统性红斑狼疮的病例中，分析抗核抗体（ANA）可能是有用的。

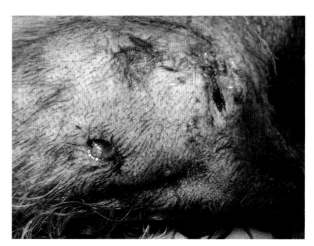

图6-39　深层真菌感染，需要戴手套处理这些病灶，并与参考实验室联系，告知怀疑方向，咨询如何采样以供培养和鉴定

PART 7

第7章

丘疹样脓疱与水疱型

简 介

本章中，我们将讨论以丘疹、脓疱和水疱（三者简称为PPV）为临床病变皮肤病的诊断。PPV包括丘疹样脓疱（图7-1）、丘疹样水疱（图7-2），因为临床上很难将它们区分，并且两者经常同时发生。

此外，其他继发性病变，如表皮环、结痂的脓疱、靶形病灶、鳞屑和色素改变，可能伴随着这一类型的原发病变，并且也常见于以丘疹脓疱或水疱开始的所有疾病中（图7-3）。

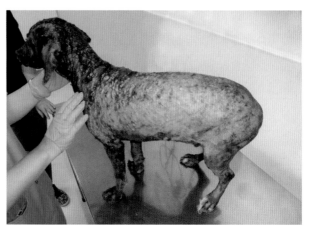

图7-3 一例全身性幼犬蠕形螨病表现的丘疹样脓疱、结痂和表皮环

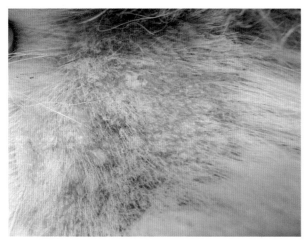

图7-1 胸侧皮肤表面的丘疹脓疱性病变

这种类型中的每一个原发性和继发性病变都有明确的特征，且具有影响其外观和临床表现形式的潜在机制。

> 犬可以出现单独的丘疹、脓疱或水疱性病变，然而，它们通常作为发展中的一个部分而出现，从丘疹开始，进而发展到脓疱或水疱，有或没有结痂，或附有鳞屑、红斑、表皮环、脱毛和色素过度沉着（图7-4和图7-5）。

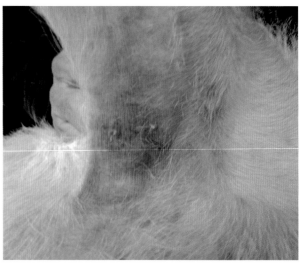

图7-4 一例由过敏引起的浅层脓皮病患犬出现的红斑、丘疹和脓疱

图7-2 一例天疱疮患犬耳郭内侧凹陷处的丘疹水疱性病变

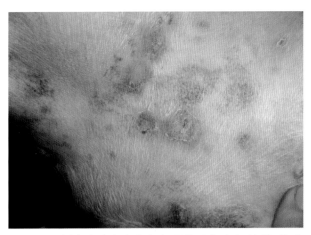

图7-5　一例浅表脓皮病患犬表现的丘疹脓疱(边缘)和表皮环(中心)

浅层)引起炎症细胞在真皮内积聚,或者表皮肥大。丘疹也可能出现在某些肿瘤病程中,如皮肤钙质沉着症(钙沉积于真皮),或出现在表现为丘疹的利什曼病的炎症反应中。丘疹可能与毛囊(毛囊性或非毛囊性丘疹)相关,也可能不相关。

丘疹可逐渐演变为由皮肤表面的血清、血液和化脓性物质形成的痂皮(图7-7)。痂皮的形成可以是瘙痒过程中抓伤的结果,也可以是简单的丘疹的自然演变。在浅表性细菌性毛囊炎、跳蚤叮咬过敏、疥螨感染的病例中,都可见到红斑样丘疹。

脓疱是直径小于1cm、与丘疹相似的皮肤上的小凸起,但脓疱含有化脓性物质(图7-8)。脓疱可视为小脓肿(图7-9),有时起始于丘疹,由于表皮细胞破裂和表层炎性细胞的积聚而转化为脓疱(图7-10)。

丘疹是皮肤上直径小于1cm的小凸起构成的病变(图7-6),高于皮肤表面,可被触到。丘疹通常为红斑,其出现是因为水肿(表皮内或真皮

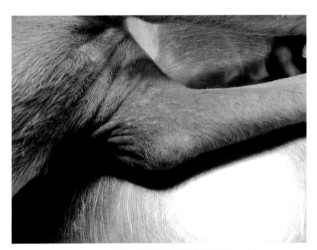

图7-6　犬后肢内侧因恙螨症引起的丘疹

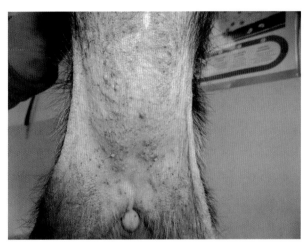

图7-8　脓疱病幼犬腹部和后肢内侧的脓疱

图7-7　一例泛发性脓皮病患犬的丘疹、脓疱和痂皮

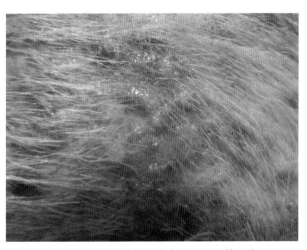

图7-9　一例落叶型天疱疮患犬出现的丘疹

图7-10　一例落叶型天疱疮患犬出现的丘疹、脓疱和表皮环

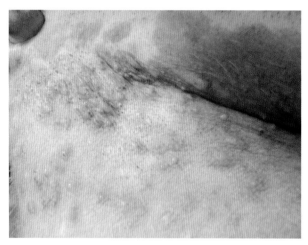

图7-11　蠕形螨患犬身上的淡黄色脓疱

根据其位置不同，脓疱可以是表皮内的、表皮下的或毛囊内的。由于脓疱较脆弱，很容易破裂从而形成表皮结痂和表皮环。

脓疱的出现通常是由于感染过程含有中性粒细胞和微生物。在某些脓疱中，可能没有细菌，若嗜酸性粒细胞占主导地位，通常表明有寄生虫感染或过敏过程。无菌性脓疱可见于滤泡性天疱疮、皮质下脓疱病和无菌性嗜酸性脓疱病（也称为无菌性嗜酸性脓疱性皮炎）。

就颜色而言，脓疱可以是白色，黄色，绿色或微红色。其大小也可能有很大的差异，在特定情况下能观察到大脓疱。脓疱颜色和大小的信息对于诊断是非常有用的，大的、淡黄色和松弛的脓疱可能提示脓疱病（图7-11）、蠕形螨病、自发性肾上腺皮质机能亢进（HAC），医源性HAC、

免疫抑制或落叶型天疱疮。大的、绿色脓疱（图7-12）表明革兰氏阴性菌感染，可能与大疱性脓疱病、免疫抑制和落叶型天疱疮有关。

水疱和大疱是很容易定义的病变，高于表皮表面，充满浅色液体（图7-13）。水疱的大小与丘疹和脓疱相似，而大疱（图7-14）直径大于1cm。定义为水疱和覆盖其上部的表皮"穹顶"非常薄，容易破裂，很难发现。因此，更容易识别从水疱和（或）大疱演变而来的其他皮肤病变（如表皮环或结痂）。

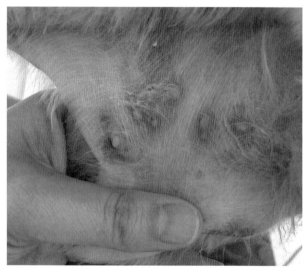

图7-12　肾上腺皮质机能亢进的患犬皮肤上出现黄色大脓疱

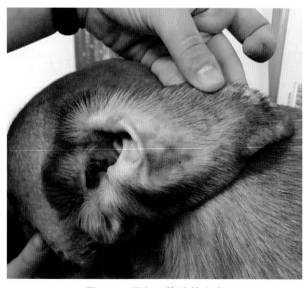

图7-13　耳郭凹陷处的水疱

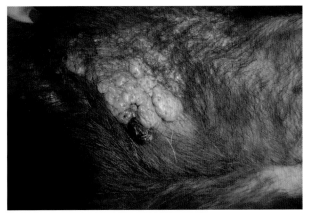

图7-14　一只患有皮肤黏蛋白病的沙皮犬皮肤上有水疱和大疱

水疱可以位于表皮层之间（表皮内水疱）或基底层之下（表皮下水疱），其形成是多种机制的结果。这些机制包括物理分离（水肿）造成表皮细胞间黏附键的断裂、炎症反应、自身免疫性侵袭（天疱疮复合物）或细菌性表皮溶解毒素，见于脓皮病或某些形式的皮肤癣菌病。

> 与水疱性或大疱性病变相关的主要疾病有脓皮病、昆虫咬伤、自身免疫性皮肤病和刺激性皮炎。

皮肤结痂是由丘疹、脓疱或水疱演变而来的病损，是PPV的特征。在这种类型中被认为是继发性病变，是鳞屑、细胞、血液、脓液、血清或其他渗出物干燥并附着在皮肤表面形成的（图7-15）。在脓皮病和浅表性细菌性毛囊炎、落叶型天疱疮、糠疹、血管炎、多发性肉瘤和坏死性游走性红斑中可观察到结痂。

毛囊炎是发生在毛囊的炎症，可以观察到毛干基部存在丘疹、脓疱和结痂。诱导毛囊炎的炎性细胞来自毛囊周围血管，并遵循与皮肤炎症相同的血流动力学模式，诱发白细胞变化。毛囊炎在毛囊细菌感染的病例中多见（图7-16），也见于皮肤癣菌病和蠕形螨病。

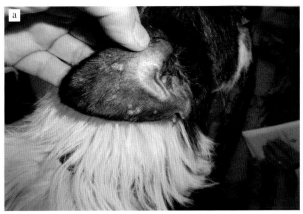
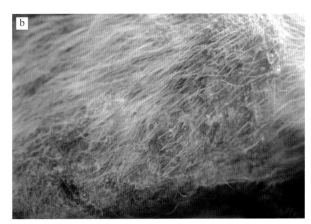

图7-15　a.局部丘疹演变成圆形结痂　b.泛发性丘疹样脓疱过程出现的结痂

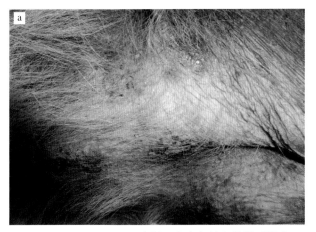
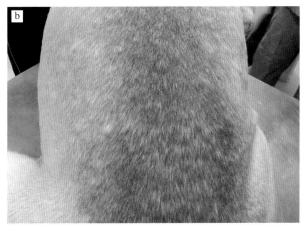

图7-16　a.一只半长毛犬腹部的细菌性毛囊炎　b.一只患毛囊炎的短毛犬躯干背部皮肤如虫蛀样外观

病因

PPV的原因见框7-1。最常见的原因包括细菌

性脓皮病、自身免疫性疾病和其他免疫介导过程。PPV也可能在伴有不同程度的瘙痒、不常见的病理过程中被观察到，包括无菌性嗜酸性脓疱性皮肤病、角质层下脓疱性皮肤病和罕见的犬利什曼病（图7-17）。

框7-1　犬丘疹样脓疱和水疱型病变的主要原因

因　素	具体疾病
过敏性	特应性皮炎、食物过敏反应、接触性过敏反应、跳蚤叮咬过敏反应
自身免疫性	落叶型天疱疮、红斑狼疮、大疱型天疱疮、系统性红斑狼疮
体外寄生虫	蠕形螨、跳蚤、恙螨、类圆小杆线虫、疥螨
体内寄生虫	利什曼原虫、恶心丝虫
浅表真菌病	皮肤癣菌、马拉色菌性皮炎
浅表细菌性脓皮病	痤疮、毛囊炎、脓皮病
肿瘤性	肥大细胞瘤
其他	皮肤钙质沉着症、幼犬蜂窝织炎、无菌性嗜酸性脓疱性皮炎、角质层下脓疱性皮肤病、特发性线状棘层松解皮肤病、接触刺激、药物反应

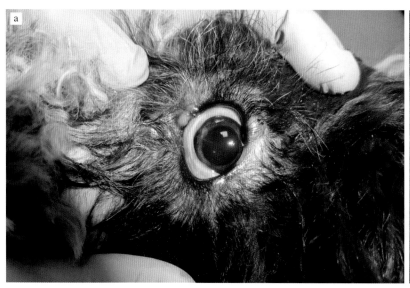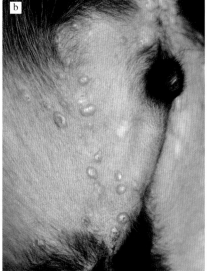

图7-17　利什曼原虫感染的犬
a.眼睑　b.后肢内侧皮肤出现丘疹

诊断程序

对患犬病史的完整回顾、一般检查和皮肤病学检查是诊断PPV的基础方法。

所有与PPV相关的病例，出现结痂、表皮环和弥散性色素沉着，首先应该考虑脓皮病。

但是，脓皮病基本都是继发于其他疾病并且容易复发，除非找出根本原因（框7-2）。因此，如下的诊断步骤应该被考虑：

▶ 超敏反应，十分常见，且常伴有继发性细菌感染。

▶ 内分泌和代谢性疾病，如甲状腺机能减退

（HT）会出现与免疫缺陷相关的丘疹脓疱性病变。

▶ 天疱疮综合征这类自身免疫性疾病的病理学特征是有丘疹样脓疱和水疱性结痂。

框 7-2　复发性脓皮病的原因

瘙痒性	非瘙痒性
▶ 过敏	
• 接触性过敏反应	▶ 内分泌
• 特应性	• 甲状腺机能减退
• 食物过敏反应	• 肾上腺皮质机能亢进
• 跳蚤叮咬过敏反应	• 性激素失调
▶ 寄生虫或昆虫叮咬	▶ 皮肤角化障碍
• 钩虫	• 可卡犬的原发性皮脂溢
• 姬螯螨	▶ 寄生虫
• 蠕形螨	• 蠕形螨
• 疥螨	▶ 其他原因
• 昆虫叮咬	
• 蚂蚁类叮咬	

病史分析

瘙痒

这是 PPV 病例首先要调查的因素。如果存在瘙痒，就必须确定它是什么时候开始的，并确认它的特征和强度。

开始的时间：了解瘙痒出现在病灶产生之前还是同时出现，又或是疾病发展过程中的并发症。在寄生虫感染和过敏反应中，瘙痒从一开始就是主要症状，丘疹和脓疱可能是瘙痒过程中的特征性表现。

特征和强度：感染疥螨以伴有强烈瘙痒的丘疹病变为特点，对皮质类固醇和奥拉替尼不敏感。其他寄生虫如跳蚤和姬螯螨引起的瘙痒比疥螨感染轻微，但具有传染性，可引起人与人之间的接触部位病变。然而，蠕形螨和虱子没有物种特异性，均具有传染性。细菌感染可能伴有瘙痒或不伴有瘙痒，取决于侵袭的病原和个体敏感性。浅表性脓皮病的有些患犬表现剧烈瘙痒，而有些患犬则无瘙痒。

　　自身免疫性疾病被认为是非瘙痒过程。然而，有些患犬出现瘙痒，可能是由炎症介质或继发性感染引起的。

之前的治疗

一些患犬在就诊前做过的治疗也需要被记录在病史中。分析患犬对前期治疗的反应可以提供重要信息。

奥拉替尼或皮质类固醇：如果患犬在就诊咨询前就服用了奥拉替尼或皮质类固醇，且主人反映对病情有改善，那么特应性皮炎、食物过敏、跳蚤叮咬过敏、接触性过敏应被考虑为造成 PPV 的潜在原因。相反，如果患犬的病情在用药后恶化，那么下述原因需要被考虑：

▶ 食物过敏。因为奥拉替尼或皮质类固醇早期能改善瘙痒，但后期瘙痒却会加重。

▶ 在疥螨的病例中也可以观察到与食物过敏相同的反应。

▶ 自身免疫性疾病要求高剂量的皮质类固醇。因此，低剂量的抗炎药物可能只有微弱的效果。

▶ 其他可以表现瘙痒和 PPV 症状的疾病还有蠕形螨病和皮肤癣菌病，它们对皮质类固醇的反应极差。

抗寄生虫药：使用合适的抗寄生虫药应该能解决由跳蚤、虱子、姬螯螨，以及疥螨、耳螨、恙虫幼虫等导致的皮肤丘疹脓疱样的临床症状。在分析患犬之前的治疗时，应该考虑这些因素。

抗生素敏感度：如果患犬在就诊前已接受过抗生素治疗，那么了解治疗后的反应和后续病情变化可能对诊断有极大帮助：良好的用药反应提示脓皮病；有部分效果提示免疫介导过程或者抗生素耐药性；如果根据细菌培养和药敏试验结果用药，治疗无明显效果，则提示有自身免疫性的疾病。

药物反应：很多病程中表现的 PPV 症状是由药物或化学物质诱发的，很难识别。因此，重要的是要确定给药与丘疹样脓疱或水疱病变的出现是否相关。应该记住，药物反应的临床表现可以有很大的变化，并且可以模拟其他病理过程（图 7-18）。许多药物可以诱导与 PPV 类型相关的免疫反应，在某些情况下还涉及瘙痒，导致类似于落叶型天疱疮的过程。

图 7-18　一例阿莫西林和克拉维酸引起的药物反应类似于下颌脓皮病或蜂窝织炎

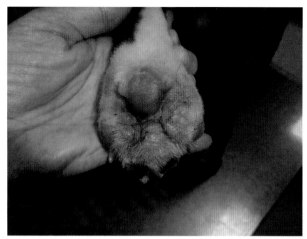

图 7-20　爪子上的疖病

疾病病程

面部和爪部的急性或超急性瘙痒性病变的病例（图 7-19 和图 7-20），最常见的原因是昆虫（蚂蚁、黄蜂、蚊子）叮咬引起的嗜酸性毛囊炎和疖病。若同样出现在爪部和面部，但发病较慢，可能是感染了利什曼原虫。因此要了解患犬是否有在暴发地区出游、主人是否采取了适当的体外驱虫措施、犬的居住地是否在病媒疾病高发区域。还值得关注的是，该病变过程是否呈周期性出现（即病变的出现和消失，或改善和恶化），以及患犬在病变发展过程中是否发烧或沉郁。病变反复出现是自身免疫疾病的典型表现，但也可能是血管炎或复发性深层脓皮病（图 7-21），这取决于潜在的病因。

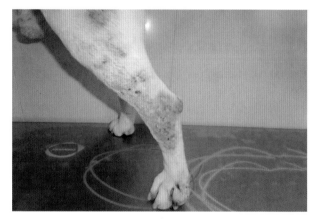

图 7-21　深层复发性脓皮病表现的病变

季节性

还可以通过确认病变是否仅在一年中的某些时期出现，以促进诊断。

全身检查

在进行全身检查时，我们将会确认患犬是否有潜在的代谢病、内分泌病、肾脏或肝脏疾病。如果有，那么 PPV 症状很可能与这些疾病有关。患有自身免疫性疾病或泛发性血管炎的犬可能表现出不适、体重减轻、发热、食欲不振和淋巴结肿大的全身症状。

一般来讲，皮肤病病例的分析试验（血液检查、生化检验和尿液分析）不会提供太多的有效信息，但对于第一次出现皮肤问题（细菌性脓皮病、蠕形螨病或皮肤癣菌病）的老年动物会有检

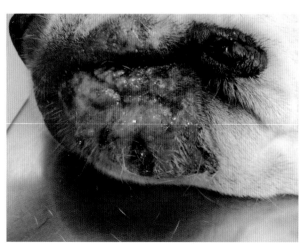

图 7-19　下颌处的疖病

查意义，这可能是内分泌（高胆固醇血症、碱性磷酸酶水平升高）或代谢过程（高钙血症、肝酶水平升高）的结果。

皮肤病学检查

检查的目的是确认原发性病变（如丘疹、脓疱、水疱）、由原发性病变演化而来的继发性病变（如表皮环、靶病灶、结痂、炎性色素沉着），以及确定病变分布，这对PPV类型的病例具有重要的诊断意义：

肘部、跗关节、腹侧部和耳缘

常见于疥螨，仅表现丘疹病变（无表皮环、脓疱或靶病灶）。

面部、腋下、腹股沟、爪和/或腹下部

常见于特应性皮炎和食物过敏。对于突发的面部脓疱和/或结痂，则更多怀疑为自身免疫性皮肤病（图7-22）。

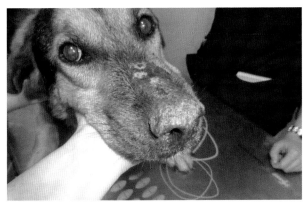

图7-22 一例落叶型天疱疮患犬的鼻梁上因抓挠而演变出的丘疹脓疱样病变

仅位于腹部的非滤泡性丘疹样脓疱

常见于脓疱病。

仅影响被毛区域的泛发性丘疹样脓疱

常见于细菌性毛囊炎和泛发性天疱疮。

面部、耳郭内侧、甲床和脚垫出现脓疱和/或结痂

常见于天疱疮。当面部、耳郭和爪部多个毛囊被大的、绿色丘疹脓疱样病变包裹，提示天疱疮或药物诱发的天疱疮。在落叶型天疱疮中，病变首先出现于面部和耳缘。随后，暴发期的病变时好时坏，且所有病变都以相似的进程演变。

覆盖整个躯干的红色丘疹样脓疱疹、结痂和表皮环

常见于细菌性毛囊炎引起的脓皮病。因此，如果PPV型患犬的皮肤病学检查显示"脓疱周期"（丘疹、脓疱、表皮环、结痂、毛囊管型、鳞屑黏附）的全部病变过程，且主要影响躯干，则应怀疑脓皮病。细菌性脓皮病很少只影响面部，除非是非常慢性的病例。

粉刺、脓疱和疖肿

常见于痤疮、蠕形螨病、皮肤癣菌病、幼犬蜂窝织炎、感染性和无菌性肉芽肿。

在很多病例中，区别脓皮病和天疱疮综合征是非常必要的（框7-3），因为这两种疾病的最初阶段都会出现丘疹脓疱样病变。

框7-3 脓皮病和天疱疮综合征的区别

临床发现	脓皮病	天疱疮综合征
仅表现丘疹样脓疱	罕见于细菌性脓皮病	高度疑似天疱疮
围绕多个毛囊的大量丘疹样脓疱	不提示细菌性脓皮病	提示天疱疮
脓疱的细胞学检查	大量退化的中性粒细胞，有时伴有零散的（非聚集的）棘层松解细胞	非退化的中性粒细胞和明显聚集的棘层松解细胞
对抗生素治疗的反应	通常对抗生素治疗反应良好	通常对抗生素治疗反应不好

诊断方案

通过查阅框7-4（列出与PPV症状相关的病程），可以确立获得最终诊断所需的诊断性检测及其检测顺序。

步骤1 刮片和毛发显微镜检查

应当进行皮肤深刮和毛发镜检，特别是伴随瘙痒的PPV型病例，因为潜在的病因可能是蠕形螨（图7-23）或疥螨感染。但是，根据皮肤刮片并不总是容易确认蠕形螨的存在，尤其是在某些特定部位如四肢或皮肤非常厚的某些犬出现丘疹样脓疱的病例。因此，在某些特殊情况下还需要毛发镜检或活检等检查手段。

图7-25 一例特应性皮炎和蠕形螨感染病例的爪部皮炎，伴有红斑性糜烂性丘疹样脓疱

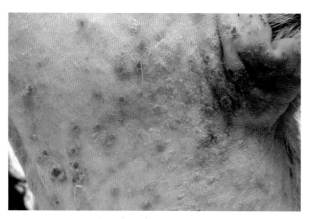

图7-23 一例患蠕形螨病的沙皮犬表现的丘疹

对于趾间炎（图7-24），因炎症引起的出血会干扰干净样本的收集（图7-25），最好进行毛发检查以确认或排除蠕形螨病。

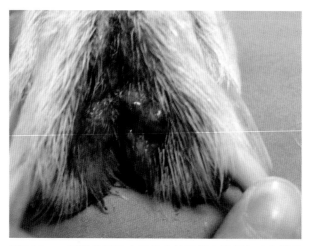

图7-24 一例复发性脓皮病患犬的爪部皮炎伴有丘疹样脓疱和趾间水疱，深度皮肤刮片会引起明显的疼痛

对于沙皮犬或其他厚皮肤的品种，深层皮肤刮片取得蠕形螨的样本会比较困难，建议活检。

步骤2 细胞学检查

细胞学可以分析丘疹、脓疱和水疱的细胞组成，可以辨别炎性细胞、棘层松解细胞、嗜酸性粒细胞（其根本原因是过敏性疾病或天疱疮）和微生物，还可以用来确定细菌是细胞内的还是细胞外的，以便区分过度生长、细菌定植和感染。

棘层松解细胞不仅会在天疱疮中发现，也会出现在其他疾病的病理检查中，如某些严重的细菌感染、脓疱性皮肤癣菌病和接触性过敏。因此，棘层松解细胞的存在不足以成为确诊天疱疮的原因。

细胞学检查（通过细针穿刺）也可以用于确诊丘疹中是否存在利什曼原虫。

步骤3 确认或排除利什曼原虫

由利什曼原虫引起的丘疹样病变通常采用细针穿刺进行诊断（图7-26）。但是，对一些细胞学检查结果为阴性的可疑病例，需要进行血清学定量试验和蛋白电泳检测。

步骤4 真菌培养

在怀疑皮肤癣菌病时应考虑真菌培养，特别是幼犬（图7-27）和表现有丘疹样病变的成年犬，因为有免疫缺陷的老年犬，其皮肤癣菌感染可表现为PPV症状。

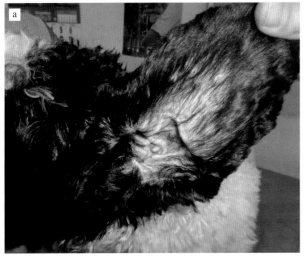

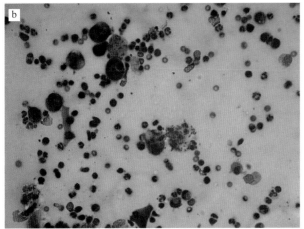

图7-26　a.被白蛉亚科昆虫叮咬后出现的丘疹　b.从丘疹采集的细胞学样本中可见无鞭毛利什曼原虫

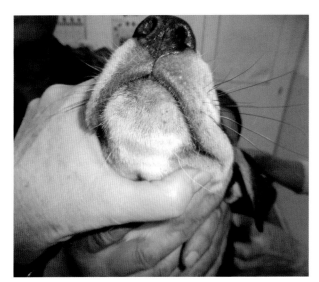

图7-27　一只5月龄皮肤癣菌病患犬的丘疹样脓疱

步骤5　细菌培养和药敏试验

临床上因浅表脓皮病引起皮肤丘疹的病例很常见，给PPV型病例开出一个月疗程抗生素处方的情况也很常见。然而，考虑抗生素耐药性日渐普遍和正确使用抗生素的重要性，建议首先进行细菌培养和药敏试验，以确定有效的治疗方案并针对性解决相应的病理问题。

为了收集足够的细菌培养样本，必须定位和刺破完整的脓疱，然后用无菌拭子收集脓疱内容物。如果无法找到完整的脓疱，则需要活检才能采集到充足的样本来进行细菌培养。

抗生素与脓皮病

如上文所述，治疗方案因诊断而异。考虑治疗的复杂性和脓皮病是PPV型病变的主要原因之一，在这里我们将叙述其治疗方案。

根据药敏试验结果筛选出合适的抗生素，那么该抗生素至少需要使用3～4周，之后需要根据病变和瘙痒程度来评估病情的发展。预计将出现的结果有：

▶ 在复诊时病变和瘙痒完全消失。抗生素治疗需要从症状完全消失的当天再延续一周时间。

▶ 在复诊时病变和瘙痒消失，但脓皮病在抗生素治疗结束后的数周内复发。对这些病例，应考虑内分泌、代谢、角质化异常和药物反应等原因。

▶ 病变消失，但仍有瘙痒存在；脓皮病在抗生素治疗周期结束后，过段时间再次复发。这种情况提示复发性脓皮病，需要找出潜在的瘙痒原因。

▶ 病变有改善但未消失，新的细胞学检查显示还有细菌存在，这是由持续性细菌性毛囊炎导致的。治疗需要维持到临床症状完全消失后的2周。另外，需要仔细监测患犬病情，以确保感染已得到完全的控制和不再复发。否则，细菌可能会产生耐药性。短期使用抗生素容易导致病情反复和产生耐药性。

▶ 病变未见改善，但细胞学显示没有细菌。此时应该考虑其他原因（疥螨感染、食物过敏、接触过敏、自身免疫性疾病、趋上皮性淋巴瘤、皮肤钙质沉着症）。

▶ 病变未见改善，细胞学显示仍有细菌存在。

考虑将抗生素治疗暂停一周，并重复细胞学检查，后续处理方案取决于细胞学结果，细菌仍然存在，提示可能存在耐药菌。

步骤6　皮肤活检

对于许多表现PPV型病变的疾病，需要通过活检确诊。这些疾病包括天疱疮症候群、红斑狼疮、皮肌炎、浅表性坏死性皮肤炎、角质层下脓疱性皮肤病和无菌性嗜酸性脓疱性皮炎。在这些疾病中，首先需要进行抗生素治疗以控制感染（如果细胞学检查显示有细菌），且在治疗的前2周避免使用糖皮质激素，以获得最佳样本作为诊断依据。

皮肤钙质沉着症的诊断也是基于对活检样本的分析，这种情况以形成具有硬白色钙沉积核心的高度瘙痒性丘疹为特点。对使用全身皮质类固醇治疗后症状恶化的任何病变，鉴别诊断应当考虑进行活检。

丘疹、脓疱和水疱在皮肤不同层次的定位，为建立诊断提供了有用的信息（框7-4）。

框7-4　基于组织学定位的丘疹、脓疱和水疱的鉴别诊断

组织学定位	疾病的鉴别诊断
角质层下	•浅表性化脓性坏死性皮炎 •角质层下脓疱性皮肤病 •细菌感染 •脓皮病 •利什曼病 •落叶型天疱疮 •红斑型天疱疮 •无菌性嗜酸性脓皮病
颗粒层	•红斑型天疱疮 •落叶型天疱疮
棘层	•浅表性坏死性皮炎 •病毒性皮肤病 •增生型天疱疮 •趋上皮性淋巴瘤 •无菌性嗜酸性脓皮病
基底上层	•寻常型天疱疮
基底层	•皮肌炎 •多形性红斑 •红斑狼疮 •剥落性红斑狼疮 •水疱性红斑狼疮 •中毒性表皮坏死 •副肿瘤性天疱疮
表皮下	•疱疹样皮炎 •线性IgA皮肤病 •大疱性表皮松解症 •多形性红斑 •红斑狼疮 •大疱型类天疱疮 •黏膜型类天疱疮

引自Miller等，2013。

PART 8

第8章

当临床症状表现为瘙痒时

简 介

瘙痒是一种刺激性的感觉，给受影响的个体造成不适（图8-1），人们将其定义为一种引起抓挠的不愉快的感觉。当犬表现出舔舐、吸吮、抓挠、摩擦或啃咬行为时，我们无法确切地确定它们的感受，但这些现象被解释为瘙痒表现。

急性瘙痒为保护作用，是某些侵害造成潜在组织损伤的警示信号，如寄生虫引起的损伤。抓挠反映了一种试图抑制瘙痒感觉的行为，但有时会损伤皮肤。

犬在试图减轻自身不适的时候，会对受影响的部位进行抓挠、啃咬、舔舐、吸吮，摩擦墙壁、

图8-1 跳蚤叮咬过敏的雪纳瑞犬啃咬自身的腰背部，检查显示它有强烈的瘙痒

家具，甚至它们的主人。这些对瘙痒感觉的反应会造成自我损伤，导致脱毛和糜烂、溃疡、结痂或鳞屑的形成。除了皮肤连续性丧失引起的损害外，暴露于各种侵害中的皮肤更容易发生继发性感染和形成丘疹和脓疱，或者可能出现过度角化、鳞屑、结痂和毛囊管型等反应。

如果兽医能早期清晰地确定是否瘙痒为最初临床症状，或者是第一个出现的症状，并能对瘙痒进行分类，这将对诊断过程有显著的帮助。

> 在皮肤病的其他皮肤症状出现之前，应先检查并确定患犬是否有瘙痒或非瘙痒症状。接下来，在非瘙痒症状的类别中，识别不同的皮肤病变类型。

瘙痒的病理生理学

皮肤是机体中面积最大的器官，含有游离的神经末梢，可以捕捉到与疼痛、触摸和瘙痒有关的广泛的刺激（图8-2a）。体内产生的很多化学物质均会使机体产生瘙痒的感觉，如组胺、蛋白酶、前列腺素、白细胞介素（框8-1）。这些化学介质激活神经末梢，产生电信号，沿着一个很长的轨迹，通过多个突触，到达中枢神经系统（CNS），在该处，瘙痒的感觉被整合和识别（图8-2b）。

瘙痒介质是引起瘙痒的物质，作用于信号传导系统的不同层级。已有许多种类的介质被鉴别出来，见框8-1。

框8-1 引起瘙痒的化学介质

▶ 某些类型的细胞因子，如IL-2和神经生长因子（NGF）

▶ LI-31

▶ 组胺（H1受体、H2受体、H3受体、H4受体）

▶ 脂类介质（白三烯B4）

▶ 神经肽（肥大细胞释放的P物质或神经递质肽）

▶ 阿片类药物（在脊髓水平上活跃的：μ-阿片类药物加重瘙痒和κ-阿片类药物减轻瘙痒）

▶ 血管活性肠肽

▶ 蛋白酶（胰蛋白酶、激肽释放酶）

▶ 前列腺素E2

▶ 血清素

▶ 血栓素A2

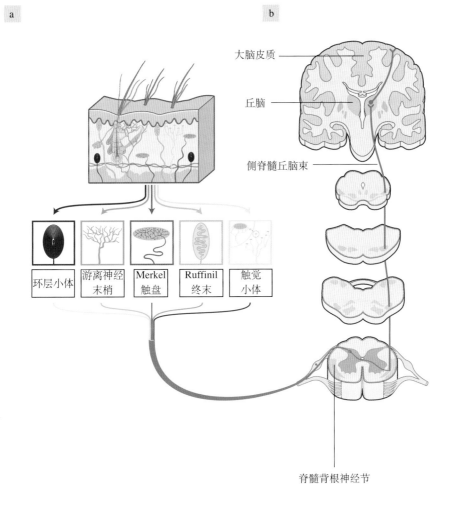

图8-2　a.皮肤感觉受体　b.传递瘙痒感觉的通路

电信号起始于皮肤中的感受器，经过脊髓的背根神经节、外侧脊髓丘脑束和丘脑的这一信号通路，将与瘙痒刺激有关的信息传递到大脑皮层。当电信号到达大脑皮层时，患病动物就能感受到瘙痒。脊髓的背根同时接收来自皮肤和大脑的电信号。大脑的电信号有助于控制瘙痒的严重程度，并且可以抑制或兴奋皮肤传入的电信号。因此，紧张或焦虑等情况会通过释放阿片类物质等化学介质，放大瘙痒的感觉（正如在人身上所被证实的那样）。

瘙痒刺激是由非特异性的、脱髓鞘的、游离的神经末梢接收的，这些神经末梢非常靠近真皮表皮接合处。如果表皮被去除，就失去了感知瘙痒的能力。因此，瘙痒可能是由皮肤上层的感觉纤维亚群的激活引起的。皮肤瘙痒有如下两种来源。

瘙痒和疼痛

瘙痒和疼痛都能警告动物存在潜在的危险刺激，并将其与保护性运动反应联系起来。然而，这两种状态存在显著差异。瘙痒引起的刺激促进抓挠或啃咬以消除刺激，而这种反应反过来产生一种愉快的感觉。相比之下，疼痛刺激会使动物避免接触受影响的身体部位，并引发攻击性的运动反应。瘙痒和疼痛都始于皮肤和黏膜表面。

▶ 直接来源：通过从角质细胞中释放与瘙痒受体结合的介质，如神经肽、白细胞介素、蛋白酶和细胞因子等。

▶ 间接来源：凭借角质细胞激活其他细胞，反过来引起介质的释放，如神经生长因子、神经营养因子-4、白三烯B4、血栓素-A2、内皮素-1、内源性大麻素以及β-内啡肽。这些物质反过来刺激肥大细胞释放组胺、白三烯B4、前列腺素、蛋白酶和IL-2。这也引起神经生长因子从嗜酸性粒细胞中释放。

在这两种情况下，瘙痒介质与瘙痒受体结合，从而激活脊髓背角的脊髓神经元。

许多瘙痒介质已被确认，其中最重要的是组胺，有以下四个受体：

▶ H1受体在感觉神经纤维和血管内皮中，当往皮内注射组胺时，组胺引起瘙痒红斑和丘疹形成的血管舒张反应（即Lewis三重反应或神经源性炎症）。

▶ H2受体也存在于皮肤感觉神经纤维中，阻断它们可减弱瘙痒的感觉。

▶ H3受体主要在中枢神经系统中表达，介导组胺生成的自我调节。

▶ H4受体存在于肥大细胞、嗜酸性粒细胞和淋巴细胞等炎症细胞中，当H4受体受到刺激时，IL-31的水平升高，IL-31是最新报道的引起犬发生瘙痒的介质。

白细胞介素（IL-2、IL-6和IL-8）构成一组非常重要的瘙痒介质。目前，IL-31被认为是犬类瘙痒过程中最重要的白细胞介素之一，当IL-31与受体结合并激活双向激酶（JAK）时，就会触发瘙痒。

皮肤屏障的损伤会促进刺激物和瘙痒剂的渗透，因此任何引发皮肤屏障损伤的因素都会引发瘙痒。同样，水合状态降低10%以上会引发瘙痒和抓挠。此外，在人类医学中已经证明，急性和慢性心理压力都可导致瘙痒的发生。在超过75%的特应性皮炎的个体中，由糖皮质激素、儿茶酚胺、神经肽及其他应激源与神经内分泌系统相互作用而导致精神紧张的情况下，会使临床症状恶化。

病 因

在检查有瘙痒症状的犬之前，应该列出可能的原因。框8-2中列出了相关原因，其中最重要的是体外寄生虫和过敏。

框8-2 瘙痒的原因

病因类型	疾病名称	分 布
过敏[1]	过敏性接触性皮炎	无毛的部位、足垫、腹部、口角部
	特应性皮炎	皱褶区域的表面、腋窝、腹股沟、眼周区域、口周区域、耳道、全身
	跳蚤叮咬过敏	后背、全身
	食物过敏	皱褶部、腋窝、腹股沟、眼周区域、口周区域、耳道、全身
	昆虫叮咬	面部区域、耳郭
感染性	皮肤真菌性疾病	面部区域、四肢、全身
	马拉色菌性皮炎	皱褶区域表面、腋窝、腹股沟、足垫、指甲皱襞、颈部、口周区域
	浅表脓皮病	所有生长毛发的部位
寄生虫性[1]	姬螯螨病	躯干背部
	蠕形螨病	散在点状病灶或全身
	耳痒螨引起的耳炎	耳朵、面部区域
	虱子引起的	背部区域、全身
	疥螨病	耳郭、手肘、体侧部
	恙螨病	面部区域、爪部、腹侧区域

（续）

病因类型	疾病名称	分布
自身免疫或免疫介导	角质层下脓疱性皮肤病	头部和躯干
	全身性红斑狼疮	面部区域、四肢、躯干、黏膜区域、全身
	落叶型天疱疮	头部、耳郭、足垫、全身
	无菌性嗜酸性脓疱病	躯干上的多个部位
	药物反应	多种形态
肿瘤性	上皮淋巴瘤	全身
	肥大细胞瘤	多变的
其他	皮肤钙质沉着症	多变的
	肢端舔舐性皮炎	前肢、后肢、尾巴
	刺激性接触性皮炎	接触部位
	锌反应性皮炎	眼周区域、口周区域、四肢负重部位
	皮脂溢	局部或全身

注：1表示瘙痒最重要的原因是体外寄生虫以及来源于跳蚤和空气中的过敏原。

诊断程序

对患犬病史进行详细的分析，然后进行深入的体格和皮肤病学检查非常重要。如果全面和系统地进行这些检查，确诊应该相对容易。

应当记住，当瘙痒是慢性时，患犬会发展出非常相似的继发性病变。无论引起瘙痒的根本原因是什么，都应有序、系统地记录与患犬及其临床病史有关的各个方面。

病史分析

年龄

在确定潜在病因时，最重要的因素之一是要考虑犬在最初出现瘙痒时的年龄。对于幼犬或小于6月龄的犬，最常见的瘙痒原因是感染耳痒螨、蠕形螨（图8-3）、姬螯螨（图8-4）和虱子。对6月龄至3岁的犬而言，瘙痒症状可能是特应性皮炎的表现（图8-5）。与环境特应性皮炎一样，食物过敏在这个年龄段的犬中也很常见，但也可以在任何年龄发生。

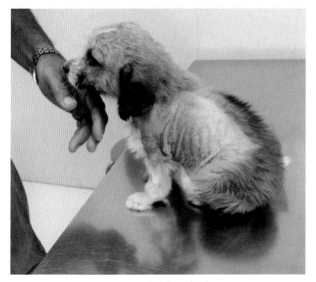

图8-3　幼犬蠕形螨病

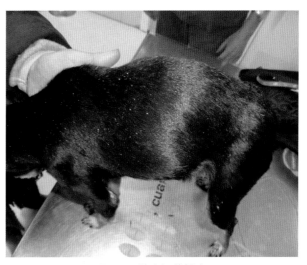

图8-4　幼犬姬螯螨病

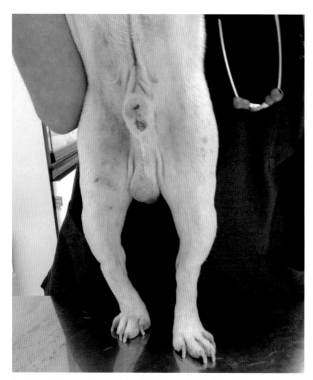

图8-5 与环境相关的特应性皮炎，病灶呈典型分布：面部、爪部、腹股沟部以及腋下

品种

以下品种易患过敏性皮炎，尤其是特应性皮炎：拳师犬、法国斗牛犬（图8-6）、英国斗牛犬（图8-7）、大麦町犬、金毛寻回犬、拉布拉多犬（图8-8）、杰克罗素㹴、沙皮犬，以及西高地白㹴（图8-9）。有明显皮肤褶皱的犬，如沙皮犬或斗牛犬，会很容易发生瘙痒或皮褶脓皮病。容易发生马拉色菌过度生长的品种（如巴塞特猎犬和西高地白㹴）（图8-10和图8-11）可能会出现强烈的瘙痒。易患蠕形螨病的品种包括拳师犬、英国斗牛犬、法国斗牛犬、杜宾犬、罗威纳犬和沙皮犬。

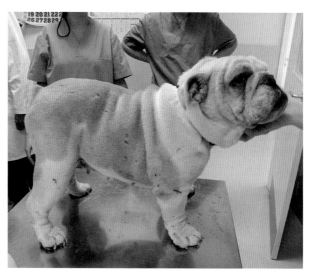

图8-7 患有特应性皮炎的英国斗牛犬

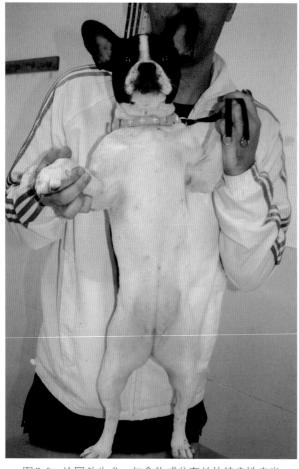

图8-6 法国斗牛犬：与食物成分有关的特应性皮炎

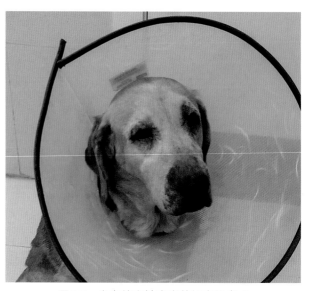

图8-8 患有特应性皮炎的拉布拉多犬

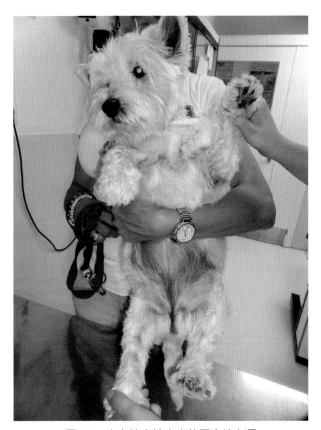

图8-9　患有特应性皮炎的西高地白㹴

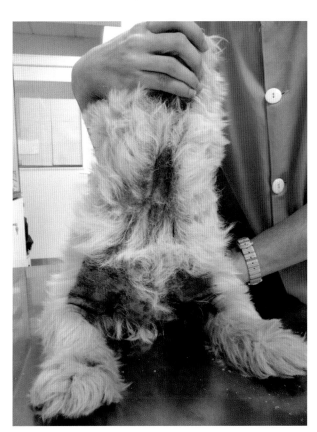

图8-11　伴发色素沉着、苔藓化、油性皮脂溢和马拉色菌
　　　　过度生长的慢性特应性皮炎的西高地白㹴

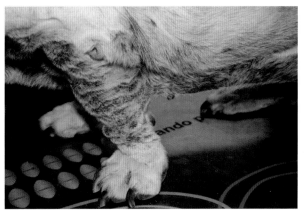

图8-10　患有特应性皮炎和马拉色菌过度生长的巴塞特猎犬

生活区域的特点

应该仔细分析犬的生活区域（木制室内地板、地毯、水磨石地板、户外）的特征，因为这便于我们排除是否有接触性过敏、或是否在有围栏的花园或天台区域发生了跳蚤感染。长时间暴露在阳光下的犬可能会患上光化性角化病（图8-12）或瘙痒性鳞状细胞癌。

图8-12　一只白毛犬腹侧发生由光化性角化病引起的瘙痒
　　　　（图片由Amparo Ortúñez提供）

接触传染性的环境特点

生活在农村、猪场附近或社区的犬可能通过与小型啮齿动物或它们的洞穴接触而感染皮肤癣菌病，或通过与受感染地区的狐狸接触而感染疥螨病，或采食受感染的猪肉残渣而感染伪狂犬病。有必要知道患病动物是否与其他宠物合居，或是否定期地接受其他宠物的探访，因为这可能导致环境中持续存在较多的寄生虫，并可能使跳蚤增多。此外，环境中有其他已感染的动物，可能提示皮肤癣菌病、耳痒螨、姬螯螨病的传染过程。与犬生活在一起的人身上出现病变，应该怀疑是

皮肤癣菌病、或由跳蚤、姬螯螨、疥螨或耳痒螨等引起。确定瘙痒是患病动物在住宅或托管处待了一段时间后开始的，还是在亲戚或朋友家里与其他宠物接触了一段时间后开始的，这一点十分重要，因为这可以为潜在的传染过程提供重要线索。动物群居（收容所、育种设施、狩猎集群等）中最常见的瘙痒病程是由跳蚤感染/过敏、疥螨、姬螯螨、皮肤癣菌和耳痒螨引起的。

饮食

有必要调查患病动物的饮食与瘙痒发生之间的关系，瘙痒可能是由食物过敏引起的。

清洁产品

用于地板的清洁产品、毛发柔软剂，香水以及毛发解结产品可能会引起瘙痒性接触性皮炎。

之前的治疗

抗生素、皮质类固醇以及奥拉替尼对瘙痒有快速和独特的作用，应该对其进行评估。

瘙痒的特点

瘙痒的强度、出现的方式、随时间的变化以及季节相关性都是分析患病动物病史时需要考虑的重要因素。鉴于它们的重要性和显著的可变性，这些特性将在下面进行阐述。

瘙痒特点

应该分析的第一个特征是瘙痒的强度、出现的方式、随时间的变化和季节相关性。

以0～10分评估瘙痒强度

应该询问犬主患犬抓挠的频率和强度，并根据以下评分给出分数。

▶ **无抓挠**：0～1分。

▶ **轻微瘙痒**：2～4分。

▶ **中度瘙痒**：5～7分。例如，环境特应性皮炎和接触性过敏通常与中度瘙痒有关，评分为5～7分。

▶ **强烈瘙痒**：8～10分。剧烈瘙痒的病程包括跳蚤叮咬过敏、食物过敏、酵母菌过度生长，以及疥螨病。

评估采用视觉模拟评分法，瘙痒的严重程度按0～10分进行评分。这个表由一条0～10的垂直线组成，在这条线上，主人指出他们认为与犬的瘙痒严重程度相对应的点（框8-3）。主人按要求阅读瘙痒不同等级的描述，并将其与宠物症状相符合的点打对勾，接下来，在这条垂直线上叠加透明的数字刻度量表，以确定犬主人做出的等级评定符合真实情况。

框8-3　模拟刻度评定瘙痒程度（纸质分级法）

数字刻度表	无数字刻度的垂直线	瘙痒不同等级的描述
		极度严重的瘙痒：犬几乎持续抓挠、啃咬，以及舔舐；并且不论它周围发生什么，都不会使其停止挠痒行为。
		严重的瘙痒：当犬醒着的时候，持续地瘙痒。夜晚、进食、玩耍、运动，甚至注意力被转移的时候，瘙痒也很明显。
		中度的瘙痒：当犬醒着的时候经常出现瘙痒，瘙痒也可能发生在夜晚，将犬惊醒。进食、玩耍、运动或注意力被转移的时候，无挠痒行为。
		轻度的瘙痒：瘙痒频繁发作，夜间偶有瘙痒发作。睡觉、进食、玩耍、运动或注意力被转移的时候，无挠痒行为。
		非常轻微的瘙痒：偶尔出现瘙痒。轻微的瘙痒，比最初的症状稍微强烈一些。
		正常的犬，没有瘙痒的相关行为迹象。

季节性

典型的季节性病程包括在特定季节由过敏原（如花粉）引起的特应性皮炎、在某些纬度地区由蚤咬引起的过敏以及由真菌或虱子引起的感染。疥螨感染不是季节性的，但是多发生在冬季（图8-13）。

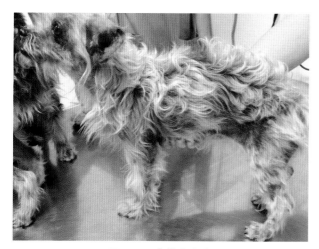

图 8-13　疥螨病患犬

发生和发展

诱导疾病发生和促使疾病发展的所有信息都很重要；建立正确的诊断在很大程度上取决于动物主人提供信息的准确性。

瘙痒是第一症状，其次是其他临床体征和病变。当主人确定瘙痒是观察到最重要和最初的症状时，则提示是一种原发性瘙痒，如外部寄生虫病（疥螨病、耳痒螨病、姬螯螨病）或过敏（跳蚤叮咬过敏或特应性皮炎），这些都是快速发作的瘙痒症状，特征是从一开始就有强烈的瘙痒。

然而，其他疾病包括环境性皮炎和蠕形螨病，开始时是轻度到中度的瘙痒，随着病变的恶化而逐渐加重。在一些病例中，患病动物首先出现病灶（丘疹、脓疱、鳞屑、红疹或结痂），随后出现瘙痒，如皮肤癣菌病、天疱疮和皮肤淋巴瘤，这种瘙痒被认为是继发的。

当患病动物移动到一个不同于它的日常生活环境的地方时，瘙痒症状会改善。这可能提示由特定地区（新环境在地理上与日常环境不同）的花粉引起的特应性皮炎或接触性皮炎。

瘙痒在室内或室外均可恶化。如果犬停留在室内时瘙痒加剧，可能与对尘螨过敏有关。如果犬待在户外时瘙痒更强烈，可能与对植物、花粉或其他环境过敏原的反应有关。

瘙痒部位和伴随瘙痒发生的病变类型

确定受瘙痒影响的身体区域可以为诊断提供有效的信息。跳蚤叮咬的过敏反应可引起背腰部（图 8-14）、腹股沟部、颈部腹侧区域（图 8-15）瘙痒，而特应性皮炎则与面部（图 8-16）、爪子、腹股沟部、腋窝和腹部的瘙痒有关（图 8-17）。

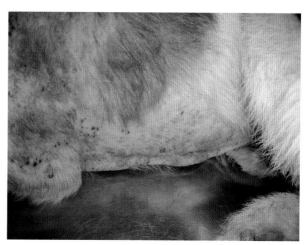

图 8-14　跳蚤叮咬引起的特应性皮炎

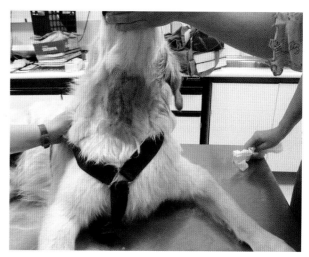

图 8-15　跳蚤叮咬过敏引起瘙痒性红斑，影响部位涉及颈部腹侧

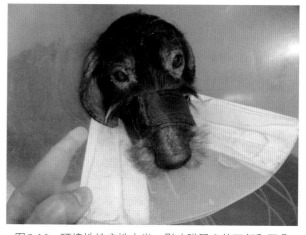

图 8-16　环境性特应性皮炎，影响腊肠犬的面部和耳朵

图8-17 特应性皮炎患犬爪部的红斑

应当使用检耳镜检查外耳道，仔细检查耳郭和耳缘是否有寄生虫和过敏引起的损伤。耳朵和四肢屈肌面瘙痒是特应性皮炎和接触性皮炎的特征。

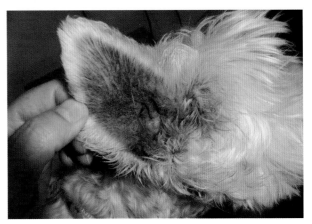

图8-18 患有特应性皮炎的西高地白㹴的慢性外耳炎

与之相比，鳞屑和结痂的出现可能表明：

▶ 如果病变位于耳郭、跗关节和肘部边缘，则为疥螨感染。

▶ 如果还伴随着黑头粉刺和脱毛，并影响背部和腹股沟区域、尾巴和腹部的颈部，则为跳蚤叮咬性过敏。

如果在躯干的背侧有结痂，则为姬螯螨感染。

> 鉴于准确和系统地收集这些信息的重要性，兽医应在专用记录表（框8-4）上记下犬主人的所有回答。

图8-19 特应性皮炎患犬的结膜炎、眼睑炎和唇炎

全身检查

大多数瘙痒症的特点是没有全身症状，但一些肝脏疾病、肝硬化综合征、某些肾脏疾病和某些内分泌疾病（如糖尿病）除了相应的一般临床症状和血检异常外，还可出现瘙痒。在食物过敏和空气过敏原引起的过敏病例中可见外耳炎（图8-18）、结膜炎、眼睑炎、唇炎（图8-19）、肛周红斑、肛门囊嵌塞（图8-20）、外阴及包皮红斑。此外，耳炎和结膜炎常见于特应性皮炎，甚至跳蚤叮咬性过敏的病例。食物过敏可引起消化系统问题，气源性过敏会引发鼻炎。在发展成特应性皮炎之前，可能会先出现荨麻疹或血管性水肿。

皮肤病学检查

从口吻尖到尾巴尖，包括面部、四肢和躯干，都要仔细检查。

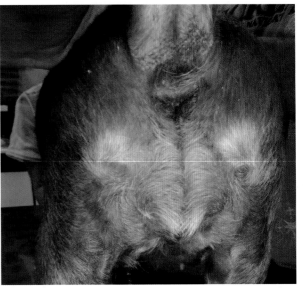

图8-20 特应性皮炎患犬的肛门囊嵌塞

以瘙痒为患犬主要就诊原因的临时病史，兽医要问犬主人的具体问题（框8-4）。

框8-4　患犬的临床病史

宠物名字:			
年龄　　　　　　　性别　　　　　　　品种			
患犬在几岁时第一次出现抓挠症状?			
如果是新领养/得到的幼犬或成年犬，来源是哪里（养殖场、收容场、私人犬）?			
患犬之前是否有皮肤问题?	☐ 是	☐ 否	
犬的瘙痒症是如何表现的?	☐ 抓挠	☐ 舔舐	☐ 啃咬摩擦
用模拟评分法对瘙痒程度评分（0～10分）			
瘙痒部位有任何损害吗?	☐ 无 ☐ 有（详述）		
详细说明这些病变出现在瘙痒之前、期间还是之后?	☐ 之前	☐ 期间	☐ 之后
说明瘙痒问题在刚发病时的表现，以及如何发展到现在的临床表现?			
瘙痒有季节性吗（一年中任何时候有无强度的变化）?	☐ 是	☐ 否	
瘙痒曾经有过季节性变化吗?	☐ 是	☐ 否	
瘙痒持续且逐渐加剧吗?	☐ 是	☐ 否	
瘙痒是什么时候开始的? 是在春季、夏季、秋季、冬季，还是在特定的环境?	☐ 春季　　　　☐ 夏季 ☐ 秋季　　　　☐ 冬季 ☐ 特定的环境（详述）		
当犬待在室内、室外、下雨或待在特定的栖息地时，瘙痒会恶化吗?	☐ 室内　　　　☐ 室外 ☐ 下雨时 ☐ 在特定的栖息地时（详述）		
在一天24h内，犬和主人待在室内的时间比例是多少，在室外（花园、农场、遛犬等）的时间比例是多少?	_____% 室内 _____% 室外		
犬主人是否发现有任何可能与瘙痒加剧有关的情况?	☐ 否 ☐ 是（详述）		
当犬移动到其他环境（如假期或周末）、到了海滩、山区、农村等，瘙痒是否有改善、恶化、或保持不变?	☐ 改善　　　　☐ 恶化 ☐ 无变化		
分析患犬的饮食（饲料、罐头食品、主人的食物）	☐ 饲料　　　　☐ 罐头食品 ☐ 人吃的饭		
主人有无注意到喂犬的食物种类是否可使患犬的瘙痒加剧或改善?	食物种类1: ☐ 改善 食物种类2: ☐ 改善	☐ 恶化 ☐ 恶化	☐ 无改变 ☐ 无改变
给予奖励: 注意奖励的类型和成分	类型 _____ 成分 _____		
患犬是否有原则上与皮肤无关任何其他疾病?	☐ 否 ☐ 是（详述）		

(续)

宠物名字:				
年龄	性别		品种	
粪便外观	颜色: 黏稠度: 黏液:　　　　　　　□否 每天排便次数: 是否胀气?　　　　□是		□是（详述） □否	
患犬患过中耳炎吗?	□是		□否	
患犬患过结膜炎吗?	□是		□否	
患犬发生过血管性水肿吗?	□是		□否	
患犬发生过肛门囊嵌塞吗?	□是		□否	
患犬发生过阴囊肿胀吗?	□是		□否	
患犬是否患过类似脓皮病的皮肤病（如毛囊炎）?	□是		□否	
患犬是否患过黏膜皮肤的脓皮病（唇周、肛周、外阴周围）?	□是		□否	
患犬和其他宠物住在同一房子里吗?	□是		□否	
如果是：有多少只宠物?				
什么种类的宠物?				
其他宠物有皮肤问题吗?	□否 □是（详述）			
和宠物一起生活的人有皮肤问题吗?	□否 □是（详述）			
患犬在过去的6个月是否接受过治疗?	□疫苗 □体内抗寄生虫药 □降压药			
患犬有无接受过瘙痒治疗?	□无 □任何其他药物（定期或零星地）			

治疗	剂量	频率	持续时间	效果
必需脂肪酸				
抗生素				
抗组胺药				
抗跳蚤药				
特殊的浴液（详述）				
环孢素A				
糖皮质激素				
奥拉替尼				
中耳炎的局部治疗				
洛基维特单抗				
主人是否有其他想要强调的问题?				

检查部位应包括黏膜与皮肤交界处（图8-21）、黏膜、趾间区、指甲、脚垫、腋窝和腹股沟，这些部位在许多过敏性疾病病程中均易受影响。

▶ 与浅表脓皮病并发的丘疹、脓疱及表皮环。

▶ 黑头粉刺和脱毛，提示可能存在蠕形螨病。

图8-21　特应性皮炎患犬的皮肤黏膜脓皮病

由不断舔舐造成的毛发脱落、残缺和变化为棕色（图8-22）是瘙痒的典型症状。

图8-22　瘙痒引起的啃咬导致毛发变色

脱毛是瘙痒发生过程中，由抓挠和舔舐造成的常见症状，应该与自发性脱毛区分开来，后者是一种非瘙痒性的毛囊问题。应该考虑脱毛区的部位：自损性脱毛发生在犬容易啃咬、舔舐或抓挠的部位。

以下是瘙痒症动物皮肤病学检查中观察到的主要病变：

▶ 继发于瘙痒的红斑病变、表皮剥落、苔藓化和脱毛（图8-23和图8-24），这些在慢性自我损伤的皮肤病中常见。

图8-23　慢性特应性皮炎患犬的红斑、苔藓化、色素沉着和全身性脱毛

图8-24　西高地白㹴因食物过敏引起的脱毛和苔藓化

诊断方案

根据从病史和检查中收集到的信息，鉴别诊断列表应包括最有可能的原因（框8-2）。

按顺序应该首先确认或排除最常发生的疾病，接着进行后续的检测。然而，本章列出了一般的诊断程序，目的是使用简单廉价的检测方法能够让我们排除瘙痒的原因，从较大的病原（跳蚤、虱子、姬螯螨）开始，其次是中等大小的螨虫，（如疥螨和蠕形螨），最后是微观的病原（酵母菌、细菌、癣菌）。如果这些原因被排除了，接下来我们可以确认或排除过敏反应，然后关注不太常见的原因，或者那些瘙痒不是原发性临床症状，而其他原发过程的并发症。具体过程包括如下12个步骤。

为了提高检测的敏感性，在进行步骤1和步骤2之前，先给犬喷以苄氯菊酯或氟虫腈为基础的体外抗寄生虫药剂，之后梳理毛发和做皮肤刮片。

步骤1　确认或排除跳蚤、虱子和姬螯螨的存在

第1步是确认或排除体外寄生虫的存在。这些病原可以通过放大镜在皮肤表面观察到，也可以通过在体表使用密齿梳梳毛收集并检查梳子上是否有跳蚤、虱子和姬螯螨（图8-25）。

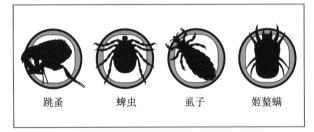

| 跳蚤 | 蜱虫 | 虱子 | 姬螯螨 |

图8-25　体型较大的可引起瘙痒的体外寄生虫通过皮肤刮片或肉眼识别

步骤2　确认或排除皮肤表面（蠕形螨、疥螨、恙螨）和耳朵（耳痒螨）是否有螨虫

第2步的目的是确认或排除皮肤表面的螨虫（蠕形螨、疥螨或恙螨）（图8-26）。对瘙痒或红斑影响的区域进行深层刮片，这些病原可以用显微镜识别。一种特殊的情况是对皮肤较厚的犬（如沙皮犬）诊断蠕形螨病（见步骤12）。

使用检耳镜检查是否有耳内螨虫（耳痒螨），也可以使用干净的耳拭子采样，在显微镜下检查是否有螨虫。

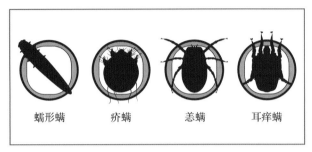

| 蠕形螨 | 疥螨 | 恙螨 | 耳痒螨 |

图8-26　能引起瘙痒的螨虫

步骤3　确认或排除皮肤癣菌病

第3步应确认或排除皮肤癣菌的存在（图8-27）。通过显微镜可以看到毛干是否已经受到皮肤癣菌孢子入侵。然而，要建立明确的诊断，需在特定的皮肤癣菌培养基（DTM）中进行分离培养，之后通过乳酚棉蓝染色鉴别大分生孢子。

虽然皮肤瘙痒症在皮肤癣菌病中并不常见，但在犬小孢子菌和须毛癣菌引起的皮肤瘙痒症中也有发现，因此，确认或排除这些病原存在的可能性是很重要的。约克夏㹴特别容易出现以瘙痒为症状的皮肤癣菌病，以及类似于过敏症状的临床表现（图8-28）。

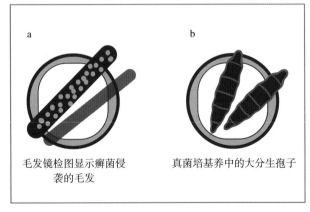

毛发镜检图显示癣菌侵袭的毛发　真菌培基养中的大分生孢子

图8-27　a.显微镜下显示引起瘙痒的癣菌　b.阳性培养基中的大分生孢子

图 8-28　患有全身性瘙痒性皮肤癣菌病的约克夏㹴，其临床表现类似于过敏反应

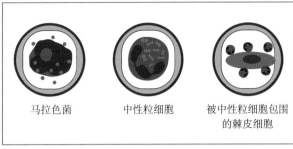

图 8-30　通过 Diff-Quik 染色鉴别的显微结构

步骤 6　确认或排除利什曼病

在流行地区，利什曼病的症状与其他许多疾病相似。虽然通常不伴有瘙痒，但皮肤病的病变会复杂化，引起瘙痒（图 8-31a）。根据我们的经验，ELISA 检测可提供最准确的结果并可以量化利什曼原虫的循环抗体水平，以及附加血清蛋白分析。在一些仅出现皮肤病变的病例中，需要活组织检查和免疫组化技术才能确诊（图 8-31b）。

步骤 4　确认或排除肠道寄生虫

粪便寄生虫学检查很重要，因为在一些患病动物上，感染肠道寄生虫（钩虫）可以引起广泛性和非特异性的瘙痒（图 8-29a）。此外，还可以分析粪便中是否存在复孔绦虫，患病动物是否曾接触过跳蚤（图 8-29b）。

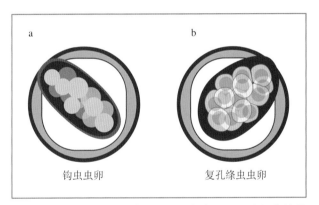

图 8-29　a. 引起非特异性瘙痒的钩虫虫卵　b. 引起非特异性瘙痒的复孔绦虫虫卵，表明患病动物曾经或仍与跳蚤接触着

步骤 5　皮肤表面微观结构分析

微观结构（如酵母菌、细菌、炎性细胞）可通过皮肤表面和皮肤病灶的细胞学检查进行观察。样本直接印在载玻片或透明胶带上，或在丘疹样脓疱、水疱或结节性病变上使用 25G 针头采样，然后采用 Diff-Quik 染色。这种方法可以显示马拉色菌、球菌、杆菌和炎性细胞（中性粒细胞、嗜酸性粒细胞、淋巴细胞）的存在，并可用于检查角质细胞的外观（图 8-30）。

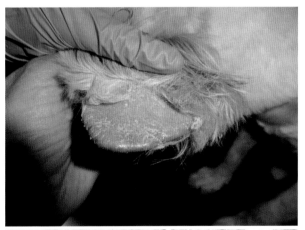

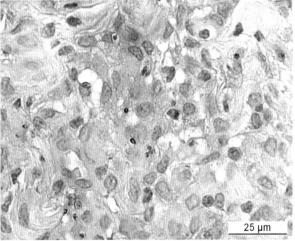

25 μm

图 8-31　a. 利什曼病犬耳郭出现红斑、炎症反应，引起瘙痒　b. 利什曼原虫的免疫组化检测呈阳性

步骤7 制订抗寄生虫的治疗与控制方案（针对跳蚤和胃肠道寄生虫）

如果所有前面提到的检测都已进行，但仍未建立诊断，则应根据患犬的具体情况采取体外寄生虫治疗，以控制环境中的跳蚤及其幼虫，以及与患犬同住在一处的所有宠物身上的跳蚤，还应该进行胃肠道寄生虫的治疗。

步骤8 确认或排除食物过敏

对于1岁左右出现瘙痒症状的犬，应考虑食物过敏。目前，还没有敏感性和特异性都足够的实验室来诊断食物过敏。因此，需要选择建立一个低过敏性的饮食食谱来进行测试。理想情况下，这个低过敏性的饮食应该是一个自制的饮食，蛋白质来源是患犬以前没有接触过的。然而，这种方法也并不总是可行的，大多数病例会使用准备的特定饮食。其他替代品包括水解和超水解饮食，以及只含有氨基酸的饮食。

如果患犬的饮食是瘙痒的主要原因，那么在开始低过敏性饮食的2周内，就可以观察到明显的改善。尽管如此，这种饮食应该至少维持4周。如果皮肤状况有明显改善，就要开始刺激性饮食。包括让患犬恢复以前的饮食，以确定是否会复发（症状会在7d内出现），从而确诊。

虽然有些实验室提供了食物过敏抗体的定量检测服务，但根据我们的经验，这些结果没有达到确定诊断所需的水平，因此通常不会在我们的方案中包含这类分析。

步骤9 确定患犬是否符合至少5项特应性皮炎的诊断标准（Favrot，2010）

Favrot的诊断标准可用于确定瘙痒是否由环境过敏原引起的。框8-5为特应性皮炎的典型临床症状，这是基于对大量确诊动物的统计分析得到的。

基于现有的流行病学信息，如果犬出现瘙痒症状，并且已经通过上述步骤1～9排除了瘙痒的所有原因，此外，该犬符合至少5项临床标准，可诊断为犬特应性（吸入性）皮炎，敏感性为77%，特异性为83%。

> Favrot的诊断标准不应作为特应性皮炎的唯一诊断方法，而是为了排除有类似临床症状的瘙痒的其他原因。

框8-5 Favrot的诊断标准

- ▶ 瘙痒的发生年龄小于3岁
- ▶ 大部分生活时间都待在室内
- ▶ 瘙痒和病变会影响后肢的脚趾
- ▶ 存在酵母菌感染（慢性或复发性）
- ▶ 耳郭受到影响
- ▶ 耳朵边缘不受影响
- ▶ 腰背部区域不受影响

步骤10 奥拉替尼治疗试验

奥拉替尼通过阻止IL-31激活JAK系统发挥止痒和抗炎作用。得益于这种药物的发明，在进行诊断性测试时可以控制瘙痒，因为奥拉替尼在使用时间少于8周的情况下，不会干扰或改变抗过敏原抗体的定量分析结果。奥拉替尼在过敏性疾病和涉及炎症及瘙痒的其他疾病中均可使用。

> 根据我们的经验，奥拉替尼可控制85%的特应性皮炎患犬的瘙痒和炎症。

其他可以使用的快速作用药物包括短效皮质类固醇（泼尼松、泼尼松龙和甲基泼尼松龙）。然而，它们的作用会改变过敏测试的结果。利用上述药物进行治疗试验，我们可以确定这些药物对患犬是否有效，并在无法实现低敏或不能提供预期结果的情况下，确定对症治疗方案。

步骤11 特应性皮炎病例中空气过敏原的鉴别

本测试仅用于鉴别与特应性皮炎相关的气敏原，最终建立相应的低敏或脱敏（免疫治疗）治疗。

有两种类型的测试用于识别过敏原：直接体内试验（皮内试验）和间接体外试验（血清学试验，以量化空气过敏原的特定抗体水平）。

我们认为，这两种方法提供了相似的诊断和治疗信息。

▶ 当获得阳性结果时，应与患犬的临床病史对照。在符合一致性的情况下，应根据所识别的过敏原制订适当的低敏治疗方案。在某些情况下，有可能改变犬的免疫应答反应，并达到对过敏原的耐受状态。开始免疫治疗6个月后，要对治疗反应进行评估。在没有观察到明显改善的情况下，进行对症治疗，通常在上一步已经开始了测试。

▶ 如果过敏原测试未提供阳性结果，则认为患犬患有一种特殊形式的特应性皮炎，称为固有特应性皮炎或特应性皮炎样综合征，它具有特应性皮炎的所有特征，但无法检测到任何抗原。在这种情况下，唯一的选择是对症止痒和抗炎治疗。

步骤 12　皮肤活检

活组织检查提供了关于皮肤微观特征的信息，有时可以帮助建立明确的诊断。

与临床病变一样，组织学变化可能有许多原因，因此，活组织检查并不总是能帮助我们辨别瘙痒的原因。例如，已经转为慢性瘙痒的病例出现继发性病变的外观时，活组织检查通常对诊断是无用的。它也不适用于过敏病例，即使是最近发生的原发性病变，因为这些病变往往包含非常相似的组织病理学病变，而这些病变经常类似于体外寄生虫病（如疥螨病）引起的变化。然而，活组织检查对于确诊老年犬瘙痒性上皮淋巴瘤和诊断原发性皮脂腺炎、维生素A反应性皮炎和锌反应性皮肤病则是必不可少的，而且这些疾病都有瘙痒症状。

治　疗

止痒治疗的基础是，不论病因是寄生虫、真菌还是感染性的，都需要建立明确的诊断和应用特定的治疗方法。

然而，在过敏的情况下，确定病因并不总是容易的，即使检测到致敏原，也很难避免患犬和过敏原之间的接触。因此，需要对症治疗以缓解患犬的不适。重要的是，记住特应性皮炎患犬表皮结构的改变有利于过敏原渗透，从而加剧瘙痒。应采取一些措施控制瘙痒症的恶化，如跳蚤叮咬、某些使瘙痒症加剧的食物以及皮肤表面酵母菌或细菌的过度生长。抗生素可用于后一种情况（细菌过度生长或浅表脓皮病），但不适用于其他瘙痒，因为不能改善临床症状。

> 使用保湿剂/组织重建剂、局部必需脂肪酸、驱虫剂、富含脂肪酸的饮食，更具体一点，使用奥拉替尼（酶抑制剂）和洛基维特单抗（犬单克隆抗体），可以减轻临床症状。

奥拉替尼和洛基维特单抗是两种最新发现的适用于特应性皮炎对症治疗的药物，它们选择性地发挥作用：奥拉替尼可阻止JAK酶系统的激活，而洛基维持单抗可特异性地阻断IL-31。这两种药物都在基底神经节水平阻止瘙痒感觉的传导，从而阻止相关的神经信号到达中枢神经系统。其他可用来对症治疗特应性皮炎的药物包括皮质类固醇、抗组胺药和环孢菌素。

参 考 文 献

CHAPTER 1. GENERAL CONSIDERATIONS FOR DIAGNOSIS BASEDON CLINICAL PATTERNS

BERGVALL K. History, examination and laboratory techniques. In:Jackson H, Marsella R, eds. *Small animal dermatology*. BSAVA 3rd ed. 2012; pp.1-11.

FITZPATRICK TB, BERNHARD JD, CROPLEY TG. The structure of skin lesions and fundamentals of Diagnosis. In: *Fizpatrick's dermatology in general medicine*. 5th ed. McGraw-Hill 1999; Vol. 1:13-40.

HARGIS AM, GINN PE. The integument. In: Zachary JF, McGavin MD, eds. *Pathological basis of veterinary diseases*. Elsevier, 5th ed. 2012; pp.972-999.

JASMIN P. The dermatological approach. In: *Clinical handbook on canine dermatology*. Ed. Virbac S.A. 2001; pp.1-12.

MILLER WH, GRIFFIN CE, CAMPBELL KL. Diagnostic methods. In: *Muller & Kirk's small animal dermatology*. Saunders-Elsevier, St Louis, 7th ed. 2013; pp.57-107.

RAPINI R. Diagnóstico diferencial clínico y patológico. In: Bolognia, Jorizzo, Rapini eds. *Dermatología*. Elsevier, Madrid. 2004; pp. 1-20.

WILLEMSE T. Problem-solving approach in dermatology. Part 1and 2. *Proceedings of the 14th Chulalongkorn University veterinary conference*. Bangkok, 2015April; pp.20-22.

WOLFF K, KIBBI AG, MIHM MC. Basic pathologic reactions of the skin. In: *Fizpatrick's dermatology in general medicine*. 5th ed. McGraw-Hill 1999; Vol. 1:41-49.

CHAPTER 2. DEFINING CUTANEOUS PATTERNS

ACKERMAN AB, CHONGCHITNANT N, GUO Y, et al. Cells that mediate inflammation. In: *Histologic diagnosis of inflammatory skin diseases, an algorithmic method based on pattern analysis*. Williams & Wilkins, 2nd ed. 1997; pp. 57-74.

APEL W, WILSON K, ANDERSON D. A typical dermatology: are you missing an important diagnosis? *Aus Fam Physician*. 2014; 43(7):451-453.

BETTENAY SV, HARGIS AM. Practical veterinary dermatology. Ed. Teton NewMedia, 2006; pp.53-103.

BIZIKOVA P. The immunopathogenesis of pemphigus foliaceus: thirty years of research and latest evidence on clinical signs and immunopathogenesis. In: *Proceedings 7th World Veterinary Dermatology Congress*. Vancouver. 2012; pp. 257-263.

FITZPATRICK TB, BERNHARD JD, CROPLEY TG. The structure of skin lesions and fundamentals of Diagnosis. In: *Fizpatrick's dermatology in general medicine*. 5th ed. McGraw-Hill 1999; Vol. 1:13-40.

GROPPER CA. An approach to clinical dermatologic

diagnosis based on morphologic reaction patterns. *Clin Cornerstone*. 2001; 4(1):1-14.

GROSS TL, IHRKE PJ, WALDER EJ, AFFOLTER VK. *Skin diseases of the dog and cat. Clinical histopathologic diagnosis*. 2nd ed. Blackwell Publishing 2005.

HARGIS AM, GINN PE. The integument. In: Zachary JF, McGavin MD eds. *Pathological basis of veterinary diseases*. Elsevier, 5th ed. 2012; pp. 972-999.

JEROMIN AM. How to approach a dermatology case? DVM360. 2001. Jan. http://veterinarynews.dvm360.com/dermatology -101-how-approach-dermatology-case.

JOHNSON M, MYERS A. Cytology of skin neoplasms. *Vet Clin North Am Small Anim* 2017; 47: 85-110.

HNILICA K. A pattern approach to clinical dermatology. 2002. http:// www.itchnot.com/images/10_patterns.pdf.

KUMAR V, ABBAS AK, FAUSTO N, et al. The skin. In: *Robbins & Cotran Pathologic basis of diseases*. 8th ed. Saunders. 2009; pp. 590-610.

KLEYN CE, LAI- CHEONG JE, BELL HK. Cutaneous manifestations of internal malignancy: diagnosis and management. *Am J Clin Dermatol*. 2006; 7(2):71-84.

LATKOWSKI JAM, FREEDBERG IM. Epidermal cell kinetics, epidermal differentiation, and keratiniztion. In: *Fizpatrick's dermatology in general medicine*. 5th ed. McGraw-Hill 1999; Vol.1:133-143.

LAZAR AJF, MURPHY GF. The Skin. In: *Robbin & Cotran pathologic basis of diseases*. 9th ed. Saunders. 2015; pp. 1141-1177.

MARKS R. The stratum corneum barrier: the final frontier. *Journal of Nutrition*. 2004; 134:2017S-2021S.

MILLER WH, GRIFFIN CE, CAMPBELL KL. Structure and function of the skin. In: *Muller & Kirk's small animal dermatology*. Ed. Saunders- Elsevier, St Louis, 7th ed. 2013, pp. 1-56.

NISHIFUJI K, YOON JS. The stratum corneum: the rampart of the mammalian body. *Vet Dermatol*. 2013; 24:60-e16.

RAPINI R. Diagnóstico diferencial clínico y patológico. In: Bolognia, Jorizzo, Rapini eds. *Dermatología*. Elsevier, Madrid. 2004; pp. 1-20.

RAPINI RP. Clinical and pathologic findings with differential diagnostic list. In: *Practical dermatopathology*. Elsevier. 2nd ed. 2012; pp. 1-44.

RASKIN RER, MEUTEN DJ, REBAR AH. Cytology of inflammation. In: *NAVC Proceedings*. 2005; pp. 201-202.

STEIN SL. Dermatology: a morphologic approach to differential diagnosis. In: *Pediatric annals*. 2015; 44(8):319-341.

VERDE M. Canine pediatric dermatology. *Proceedings NAVC*. 2005; pp. 295-297.

WOLFF K, KIBBI AG, MIHM MC. Basic pathologic reactions of the skin. In: *Fizpatrick's Dermatology in general medicine*. 5th ed. McGraw-Hill 1999, Vol. 1:41-49.

CHAPTER 3. FOCAL OR MULTIFOCAL ALOPECIA

BLOOM P. Nonpruritic alopecia in dog. *CVC in Washington D.C. Proceedings*. 2009, Apr 01,1-9.

CARLOTTI ND. Overview of non-endocrine alopecias. In: *Proceedings 7th World Veterinary Dermatology Congress*. Vancouver. 2012; pp. 145-151.

HILL P. Clinical approach to alopecia in dogs-will the hair grow back. *Proceedings TNAVC. Small animal dermatology*. 2005; pp. 263-268.

HILLIER A. Differentiating endocrine from non-endocrine alopecia. In: *Proceedings 7th World Veterinary Dermatology Congress*. Vancouver. 2012; pp.133-139.

LINEK M. Inflamatory alopecias. En *Hair loss disorders in domestic animals*. Ed. Wiley-Blackwell. 2008; pp.193-272.

MARSELLA R. Unresponsive alopecia in an older dog. *Clinician's brief*. 2010 October:31-33.

PATERSON S. An approach to focal alopecia in the dog. In: Foster A, Foil C, eds. *Small animal dermatology*. BSAVA 2nd ed. 2003; pp. 77-82.

PAUS R, PEKER S. Biología del pelo y de las uñas In: Bolognia, Jorizzo, Rapini eds. *Dermatología*. Elsevier, Madrid. 2004; pp. 1007-1030.

REES C. An approach to canine focal alopecia and multifocal alopecia. In: Jackson H, R Marsella eds. *Small animal dermatology*. BSAVA 3rd ed. 2012; pp. 86-90.

RIOS AM. Alopecias focales y multifocales inflamatorias en el perro. In *Diagnóstico de la alopecia en el perro y en el gato*. Ed. Servet. 2015; pp. 39-64.

SPANO F, DONOVAN JC. Alopecia areata: Part 1: pathogenesis, diagnosis, and prognosis. *Can Fam Physician*.

2015; 61(9):751-755.

SPANO F, DONOVAN JC. Alopecia areata: part 2: treatment. *Can Fam Physician*. 2015; 61(9):757-761.

CHAPTER 4. SYMMETRICAL ALOPECIA (REGIONAL OR GENERALISED)

BERGER DJ, LEWIS TP, SCHICK AE, MILLER RI, LOEFFLER DG. Canine alopecia secondary to human topical hormone replacement therapy in six dogs. *J Am Anm Hosp Assoc*. 2015; 51(2):136-142.

CARLOTTI ND. Overview of non-endocrine alopecias. In: *Proceedings 7th World Veterinary Dermatology Congress*. Vancouver. 2012; pp. 145-151.

CERUNDOLO R, REST J. Nonpruritic hair loss. In: *Advances in veterinary dermatol. Proceedings 7th World Veterinary Dermatology Congress*. Vancouver. 2012; pp.247-250.

CERUNDOLO R. Alopecia X. In: Bonagura JD, Twedt DC, eds. *Kirk's current veterinary therapy XIV*. Saunders-Elsevier, St Louis, 14th ed. 2013. Chapter 115.

FERRER LL. Non-Endocrine symmetric alopecia in dogs: clinical management. *Proceedings NAVC*. 2005; pp. 241-243.

FRANCK L. Canine alopecic dermatoses. *Clinician's brief*. 2008 June:64- 68.

HILL P. Clinical approach to alopecia in dogs-will the hair grow back. *Proceedings TNAVC. Small animal dermatology*. 2005; pp. 263-268.

HILLIER A. Differentiating endocrine from non-endocrine alopecia. In: *Proceedings 7th World Veterinary Dermatology Congress*. Vancouver. 2012; pp. 133-139.

MILLER WH, GRIFFIN CE, CAMPBELL KL. Endocrine and metabolic diseases. In: *Muller & Kirk's small animal dermatology*. Saunders- Elsevier, St Louis, 7th ed. 2013; p. 503.

MILLER WH, GRIFFIN CE, CAMPBELL KL. Miscellaneous alopecias. In: *Muller & Kirk's small animal dermatology*. Saunders-Elsevier, St Louis, 7th ed. 2013; pp. 554-572; pp. 568-569.

MILLER WH, GRIFFIN CE, CAMPBELL KL. Miscellaneous skin diseases. In: *Muller & Kirk's small animal dermatology,* Saunders-Elsevier, St Louis 7th ed. 2013; p. 714.

MÜNTENER T, SCHUEPBACH-REGULAR G, FRANK L, RÜFENACHT S, WELLE MM. Canine noninflammatory alopecia: a comprehensive evaluation of common and distinguishing histological characteristics. *Vet Dermatol*. 2012; 23:206-222.

OUTERBRIDGE C. Cutaneous manifestations of internal diseases. *Vet Clin North Am Small Anim Pract*. 2013; 43:135-152.

OUTERBRIDGE CA, WHITE SD, AFFOLTER VK. Alopecia universalis in a dog with testicular neoplasia. *Vet Dermatol*. 2016; 27: 513- 519.

PARADIS M, CERUNDOLO R. An approach to symmetrical alopecia in the dog. In: Foster A, Foil C, eds. *Small animal dermatology*. BSAVA 2nd ed. 2003; pp. 83-93.

PARADIS M. An approach to symmetrical alopecia in dogs. In: Jackson H, Marsella R, eds. *Small animal dermatology*. BSAVA 3rd ed. 2012; pp. 91-102.

PAUS R, PEKER S. Biología del pelo y de las uñas In: Bolognia, Jorizzo, Rapini eds. *Dermatology*. Elsevier-Mosby. 2004; pp. 1007-1030.

RIOS AM. Alopecias generalizadas no inflamatorias en el perro. In: *Diagnóstico de la alopecia en el perro y en el gato*. Ed. Servet. 2015; pp. 91-123.

SALO E, FRAILE C, RIOS A, SANCHO PJ. Problemas dermatológicos. *AVEPA Formación Continuada Dermatología*. 2013; pp. 1-26.

VARJONEN K, REST J, BOND R. Alopecia in a black Labrador Retriever associated with focal sub-follicular panniculitis and sebaceous adenitis. *Vet Dermatol*. 2010; 21:415-419.

WIENER DJ, RÜFENACHT S, KOCH HK, MAULDIN EA, MAYER U, WELLE MM. Estradiol-induced alopecia in five dogs after contact with a transdermal gel used for the treatment of postmenopausal symptoms in women. *Vet Dermatol*. 2015; 26(5): 393-396.

ZUR G, WHITE SD. Hyperadrenocorticism in 10 dogs with skin lesions as the only presenting clinical signs. *JAAHA*. 2011; 47:419-427.

CHAPTER 5. SCALING／CRU—STING AND SEBORRHOEIC PATTERN

BLOOM P. Situación clínica en dermatología. Costras no pruriginosas en el plano nasal. *Consulta de difusión veterinaria*. 2012 Feb;187.

CADIERGUES MC, PATEL A, SHEARER DH, FERMOR R, MIAH S, HENDRICKS A. Cornification defect in the Golden Retriever: clinical, histopathological, ultrastructural and genetic characterisation. *Vet Dermatol*. 2008;19(3):120-9.

CAMPBELL KL. An approach to keratinization disorders. In: Jackson H, Marsella R, eds. *Small animal dermatology*. BSAVA 3rd ed. 2012; pp. 46-52.

CANNON AG. Hereditary disorders of keratinization. *Proceedings Companion Animal Programme Voorjaarsdagen*. 2007; pp. 273-274.

CREDILLE KM. Primary cornification defects. In: Guaguère Eric., editor. *A practical guide to canine dermatology*. Pascal Prélaud; Merial: 2008.

DEBOER DJ. Skin scraping for external parasites. *Clinician's brief*. 2016April:43-47.

DEDOLA C, RESSEL L, HILL PB, et al. Idiopathic generalized sebaceous gland hyperplasia of the Border Terrier: a morphometric study. *Vet Dermatol*. 2010; 21:494-502.

ELIAS PM, WILLIAMS ML, CRUMRINE D, SCHMUTH M. *Ichthyoses; clinical, biochemical and diagnostic assessment*. Series: Current problems in dermatology, 39. Ed. Karger; 2010; pp.1-29.

LATKOWSKI JAM, FREEDBERG IM. Epidermal cell kinetics, epidermal differentiation, and keratiniztion. In: *Fizpatrick's dermatology in general medicine*. 5th ed. McGraw-Hill 1999; Vol. 1:133-143.

LEE FF, BRADLEY CW, CAIN CL, et al. Localized parakeratotic hyperkeratosis in sixteen Boston terrier dogs. *Vet Dermatol*. 2016; 27: 384-e96.

MAULDIN EA. Canine ichthyosis and related disorders of cornification in small animals. *Vet Clin North Am Small Anim Pract*. 2014; 43(1): 89-97.

MAULDIN EA, CREDILLE KM, DUNSTAN RW, CASAL ML. The clinical and morphologic features of nonepidermolityc ichthyosis in the Golden Retriever. *Vet Pathol*. 2008Mar;45(2):174-80.

MILLER WH, GRIFFIN CE, CAMPBELL KL. Keratinization defects. In: *Muller & Kirk's small animal dermatology*. Saunders-Elsevier, St Louis, 7th ed. 2013; pp. 630-646.

NISHIFUJI K, YOON JS. The stratum corneum: the rampart of the mammalian body. In: *Advances in veterinary dermatology*. Ed. Wiley-Blackwell. 2012; Vol 7:65-77.

ORDEIX L, BARDAGÍ M, SCARAMPELLA F, FERRER L, FONDATI A. Demodex injai infestation and dorsal greasy skin and hair in eight wirehaired fox terrier dogs. *Vet Dermatol*. 2009; 20:267-272.

PETERS-KENNEDY J, SCOTT DW, LOFT KE, MILLER WH. Scaling dermatosis in three dogs associated with abnormal sebaceous gland differentiation. *Vet Dermatol*. 2014; 25: 23-e8.

REES C. Scaling or keratinization disorders in dogs. *Proceedings NAVC*. 2011Jan.

ROSTAHER A. Keratinization disorders. *Conference. University of Zurich Division of Dermatology*. April, 2015.

SHANLEY K, KWOCHKA KW. An approach to keratinization (cutaneous scaling) disorders. In: A Foster, C Foil eds. *Small animal dermatology*. BSAVA 2nd ed. 2003, pp. 43-49.

SHIMADA K, YOON J, YOSHIHARA T, IWASAKI T, NISHIFUJI KOJI. Increased transepidermal water loss and decreased ceramide content in lesional and non-lesional skin of dogs with atopic dermatitis. *Vet Dermatol*. 2009; 541–546.

SHIMADA K, YOSHIHARA T, YAMAMOTO M, et al. Transepidermal water loss (TEWL) reflects skin barrier function of dog. *J Vet Med Sci*. 2008;70:841-843.

CHAPTER 6. EROSIVE—ULCERATIVE PATTERN

BIZIKOVA P. The immunopathogenesis of pemphigus foliaceus: thirty years of research and latest evidence on clinical signs and immunopathogenesis. In: *Proceedings 7th World Veterinary Dermatology Congress*. Vancouver. 2012; pp. 257-263.

FOSER AP. Blistering and erosive immune-mediated skin diseases. In: Foster A, Foil C, eds. *Small animal dermatology*. BSAVA 2nd ed. 2003; pp. 197-205.

GROSS TL, IHRKE PJ, WALDER EJ, AND AFFOLTER VK. Skin diseases of the dog and cat. *Clinical histopathologic diagnosis*. 2nd ed. Blackwell Publishing 2005.

JACKSON HA. Autoimmune and immunemediated skin diseases. In: Jackson H, Marsella R, eds. *Small animal dermatology*. BSAVA 3rd ed. 2012; pp. 206-2014.

KERSEY KM, ROSALES M, AND ROBERTS BK. Dermatologic emergencies: identification and treatment. *Compend Contin Educ Vet*. 2013Jan; 35(1):E1-E9.

MALIK R, SMITS B, REPPAS G, et al. Ulcerated and nonulcerated nontuberulous mycobacterial granulomas in cats and dogs. *Vet Dermatol* 2013; 24:146-153.

MILLER WH, GRIFFIN CE, CAMPBELL KL. Autoimmune and immunemediated dermatoses. In: *Muller & Kirk's small animal* dermatology. Saunders-Elsevier, St Louis, 7th ed. 2013; pp. 432-500.

MILLER WH, GRIFFIN CE, CAMPBELL KL. Miscellaneous skin diseases. In: *Muller & Kirk's small animal dermatology*. Saunders-Elsevier, St Louis, 7th ed. 2013; pp. 695-723.

MOREILLO K. Dermatology update: a new look at ulcerative dermatosis of Shetland sheepdogs and Rough collies. *Vet Med*. 2004 Dec 1.

OLIVRY T AND LINDER KE. Dermatoses affecting desmosomes in animals: a mechanistic review of acantholytic blistering skin. *Vet Dermatol*. 2009; 20:313-326.

RODRIGUEZ LE, CANTU CB, TREJO A et al. First report of ulcerative dermatitis due to a simultaneous infection by mycobacteria and dermatophytes in a dog. *Research Journal of Veterinary Science*. 2015; 8(1):15-20.

SARIDOMICHELAKIS MN. An approach to erosions and ulcerations. In: Jackson H, Marsella R, eds. *Small animal dermatology*. BSAVA 3rd ed. 2012; pp. 57-64.

SCHISSLER J. Canine perioral dermatitis. *Clinician's brief*. 2013Aug:55-60.

CHAPTER 7. PAPULOPUST—ULAR ANDVESICULAR PATTERN

BENSIGNOR E. Aspectos clínicos de las dermatosis bacterianas. In: *Atlas de piodermas caninos*. Ed. Mayo. 2009; pp.37-61.

BIZIKOVA P. The immunopathogenesis of pemphigus foliaceus: thirty years of research and latest evidence on clinical signs and immunopathogenesis. In: *Proceedings 7th World Veterinary Dermatology Congress*. Vancouver. 2012; pp. 257-263.

FERRER LL. Clinical presentation and differential diagnosis of pyoderma, including etiology and diagnosis. In: *Proceedings 7th World Veterinary Dermatology Congress*. Vancouver. 2012; pp. 36-38.

GROSS TL, IHRKE PJ, WALDER EJ, AND AFFOLTER VK. Skin diseases of the dog and cat. Clinical histopathologic diagnosis. 2nd ed. Blackwell Publishing 2005.

JACKSON HA. Autoimmune and immunemediated skin diseases. In: Jackson H, Marsella R, eds. *Small animal dermatology*. BSAVA 3rd ed. 2012; pp. 206-2014.

MARSELLA R. An approacch to pustules and crusting papules. In: Jackson H, Marsella R, eds. *Small animal dermatology*. BSAVA 3rd ed. 2012; pp. 53-56.

MILLER WH, GRIFFIN CE, CAMPBELL KL. Autoimmune and immunemediated dermatoses. In: *Muller & Kirk's small animal dermatology*. Saunders-Elsevier, St Louis, 7th ed. 2013; pp. 432-500.

MILLER WH, GRIFFIN CE, CAMPBELL KL. Bacterial Skin Diseases. In: *Muller & Kirk's small animal dermatology*. Saunders-Elsevier, St Louis, 7th ed. 2013; pp. 184-222.

MOREILLO KA. An approach to pustules and crusting papules. In: *Foster A, Foil C, eds. Small animal dermatology*. BSAVA 2nd ed. 2003; pp. 50-54.

MORRIS D. Problem oriented approach to papulo pustular dermatosis. *Proceedings ESVD*. 2011; pp. 20-23.

SALO E, FRAILE C, RIOS A, SANCHO PJ. Problemas dermatológicos. *AVEPA Formación Continuada en Dermatología*. 2013. 1-26.

CHAPTER 8. WHEN THE CLINICAL PRESENTATION IS PRURITUS

ALCALA D, BARRERA M, JURADO F. Fisiopatologia del prurito. *Rev Cent Dermatol* 2014; 23(1): 6-10.

DAY MJ, GRIFFIN CG, MARSELLA R, NUTTAL T, AND ZABEL S. Itchy dogspart 1. Diagnosis & Communication.

Clincian's Forum 2015: 1- 8.

DEBOER DJ. Skin scraping for external parasites. *Clinician's brief*. 2016 April:43-47.

GONZALEZ AJ, HUMPHREY WR, MESSAMORE JE et al. Interleukin-31: its role in canine pruritus and naturally occurring canine atopic dermatitis. In: *Advances in veterinary dermatology*. Ed. Wiley-Blackwell. 2012; Vol 7:51-56.

GREAVES M. Mediadores del prurito. In: Bolognia, Jorizzo, Rapini eds. *Dermatología*. Elsevier, Madrid. 2004; pp. 185-93.

HILL PB, LAU PJ, RYBNICEK J. Development of an owner-assessed scale to measure the severity of pruritus in dogs. *Vet Dermatol*. 2007; 18:301-308.

LOGAS D. An approach to pruritus. In: Foster A, Foil C, eds. *Small animal dermatology*. BSAVA 2nd ed. 2003; pp. 37-42.

LORENTE C, MACHICOTE G, VERDE M. *AVEPA Formación Continuada Dermatología*. 2014.

METZ M, GRUNDMANN S, STÄNDER S. Pruritus: an overview of current concepts. *Vet Dermatol* 2011; 22:121-131.

SOUSA CA. Pruritus pathways- the veterinary perspective (or why I need to re-learn neurology). Scientific session. In: *Proceedings 7th World Veterinary Dermatology Congress*. Vancouver. 2012.

TATER KC. An approach to pruritus. In: Jackson H, Marsella R, eds. Small *animal dermatology*. BSAVA 3rd ed. 2012; pp. 37-45.

图书在版编目（CIP）数据

犬皮肤病诊断：基于临床类型的诊断方法/（西）梅特·维德·阿里巴斯（Maite Verde Arribas）编著；杨开红，周庆国主译．—北京：中国农业出版社，2020.11

（世界兽医经典著作译丛）

ISBN 978-7-109-26647-6

Ⅰ.①犬…　Ⅱ.①梅…　②杨…　③周…　Ⅲ.①犬病－皮肤病－诊断　Ⅳ.①S858.292.75

中国版本图书馆CIP数据核字（2020）第038831号

English edition:

Dermatological diagnosis in dogs. An approach based on clinical patterns
© 2018 Grupo Asís Biomedia, S.L.
ISBN:978-84-17225-35-3

Spanish edition:

Diagnóstico dermatológico en perros a partir de patrones clínicos
© 2017 Grupo Asís Biomedia, S.L.
ISBN: 978-84-16818-84-6

中国农业出版社出版
地址：北京市朝阳区麦子店街18号楼
邮编：100125
责任编辑：弓建芳　刘　玮
版式设计：杨　婧　责任校对：沙凯霖
印刷：北京通州皇家印刷厂
版次：2020年11月第1版
印次：2020年11月北京第1次印刷
发行：新华书店北京发行所
开本：889mm×1194mm　1/16
印张：8.5
字数：260千字
定价：188.00元